KOIKEYA

湖池屋の流儀

老舗を再生させたブランディング戦略

佐藤章
株式会社湖池屋 代表取締役社長

中央公論新社

湖
KOIKEYA
湖池屋

湖池屋創業者・小池和夫の言葉

ポテトチップスは料理に近く、
その延長のようなもの。
湖池屋は、昔から、
料理をつくるような感覚で
ポテトチップスをつくってきた。

天ぷらが、
高温でサッと揚げる方が
カラッとすることに習って、
ポテトチップスも
高温でサッと揚げた。

日本人になじみのある
味にするために、
隠し味に一味を
効かせることにした。
ブレンドは自分で
独自にしていた。

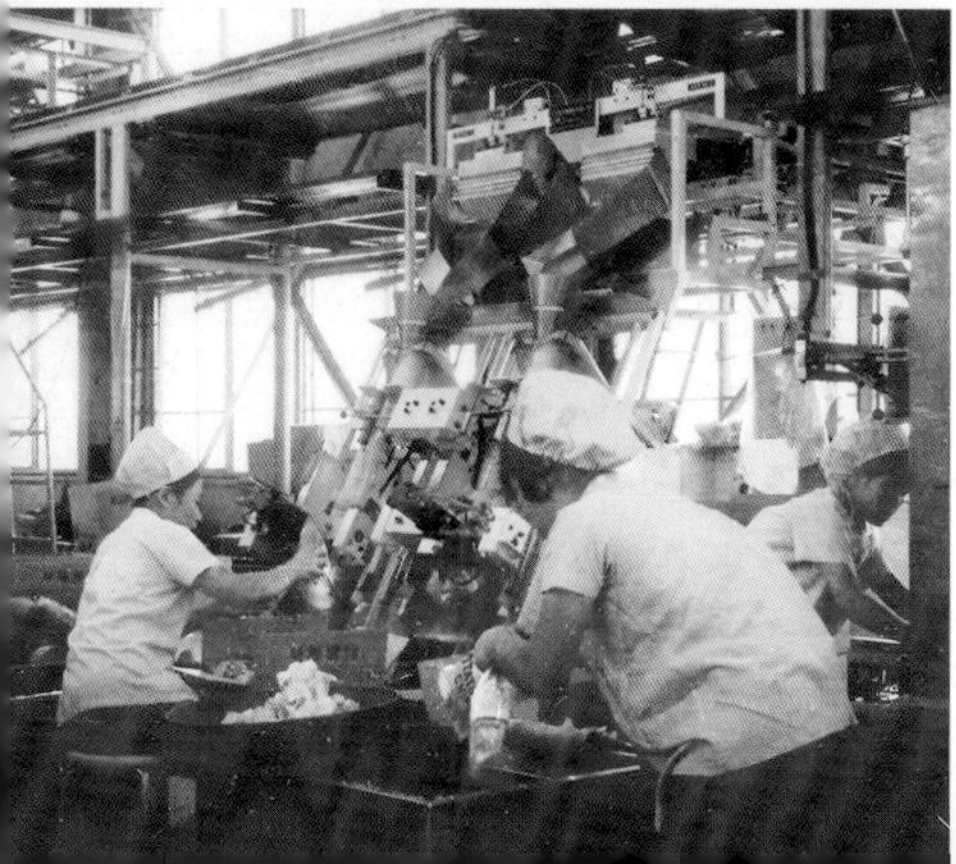

日本中のじゃがいもを
取り寄せて、
何度も揚げて、
ポテトチップスとして
一番おいしい
じゃがいもを
探求した。

ロゴマニュアル

カラーバリエーション

北海道今金町でつくられる幻の「今金男しゃく」

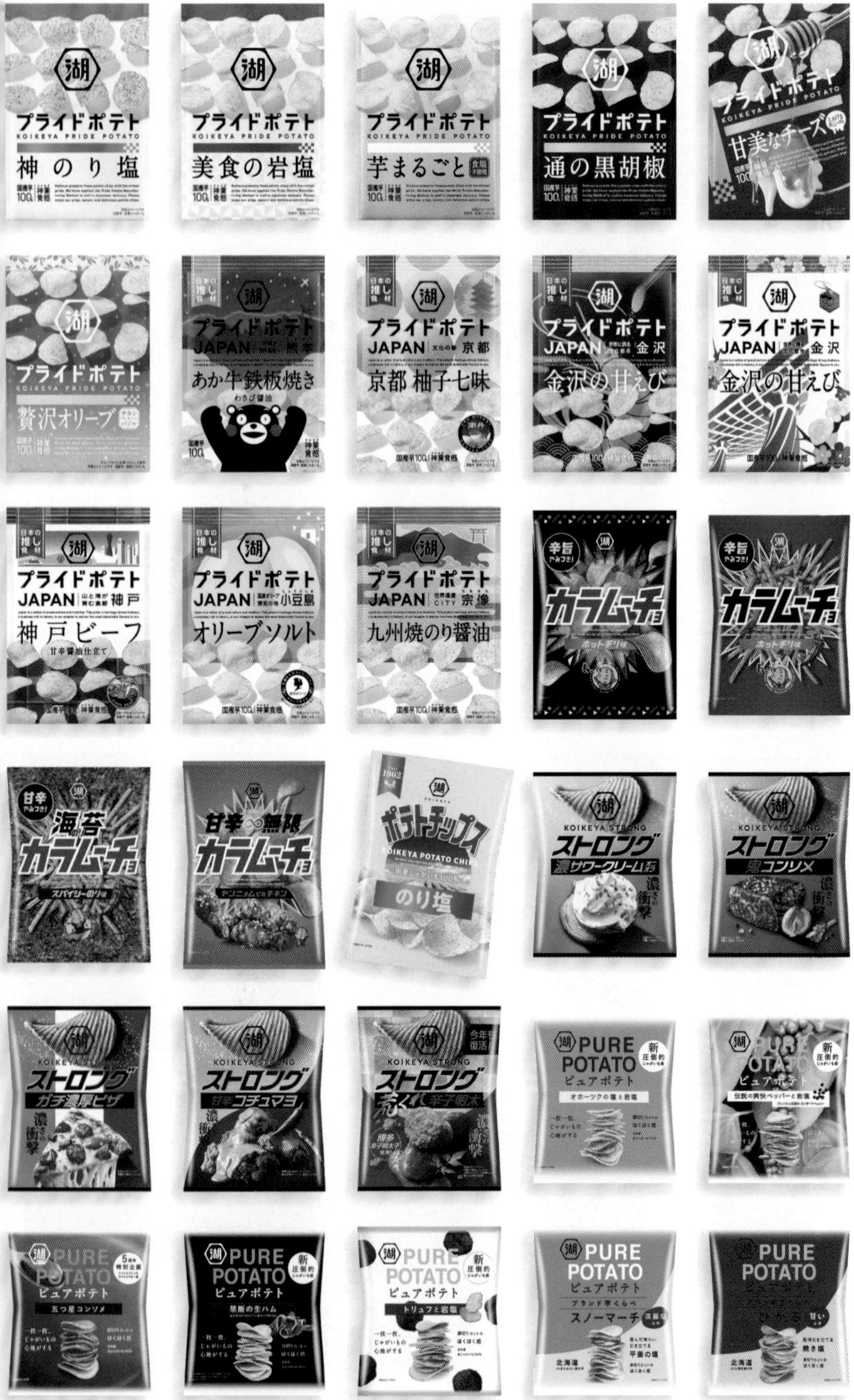

湖
プライドポテト
KOIKEYA PRIDE POTATO
神のり塩
美食の岩塩
芋まるごと
通の黒胡椒
甘美なチーズ
贅沢オリーブ
日本の推し食材
プライドポテト JAPAN 熊本
あか牛鉄板焼き
わさび醤油
プライドポテト JAPAN 京都
京都 柚子七味
プライドポテト JAPAN 金沢
金沢の甘えび
プライドポテト JAPAN 神戸
神戸ビーフ
甘辛醤油仕立て
プライドポテト JAPAN 小豆島
オリーブソルト
プライドポテト JAPAN 宗像
九州焼のり醤油
国産芋100%
神業食感
辛旨 やみつき!
カラムーチョ
ホットチリ味
甘辛 やみつき!
海苔カラムーチョ
スパイシーのり味
甘辛∞無限カラムーチョ
ヤンニョムでんチキン
1962
ポテトチップス
KOIKEYA POTATO CHIPS
のり塩
KOIKEYA STRONG
ストロング
濃サワークリーム
濃さの衝撃
鬼コンソメ
ガチ濃厚ピザ
甘辛コチュマヨ
今年も復活
辛子明太
PURE POTATO
ピュアポテト
新 圧倒的じゃがいも感
オホーツクの塩と岩塩
伝説の爽快ペッパーと岩塩
5周年特別企画
五つ星コンソメ
禁断の生ハム
トリュフと岩塩
一枚一枚、じゃがいもの心地がする
ブランド芋くらべ
スノーマーチ
北海道

プロローグ

新生・湖池屋の威信をかけてつくった「湖池屋プライドポテト」――。

いまから7年前、私がキリンビバレッジから移ってきて、最初に手がけた商品です。

国産のじゃがいも100％という素材を用いて、皮のむき方、洗い方、厚さ、使用する油の質、揚げ方のすべてで妥協しないポテトチップス。

1953年に創業した湖池屋のまさにプライドそのものを表現した商品でした。

ひとつの料理と言ってもいいぐらいの思いと情熱を注ぎ込んだものでしたが、もちろん、最初から成功が約束されていたわけではありません。

「プライドポテト」は、その風味のみならず、いろいろな意味で革新的な商品でした。

まず、他社との競争の中で、100円が常識化していた価格を150円に設定したこと。

パッケージデザインをそれまでとは大きく変え、底辺を平らにして自立式としたこと。

この商品から「湖池屋」の名を意識的に掲げ、トレードマークを冠したこと。

他にも細かいことを挙げれば従来の商品とは根本から変えたことがいくつもありました。

いってみれば、イノベーションの塊のような商品だったのです。

誇りを胸に窮地を脱する、と言えばカッコいいのですが、赤字に陥り始めた会社を立て直す、一発逆転のための渾身の商品でした。

それだけに、その一発逆転の改革が吉と出るか凶と出るかは、天のみぞ知る、というところだったのです。

ただ、会社を立て直すには、付加価値経営は絶対に不可欠でした。他のメーカーとの安売り競争に巻き込まれて疲弊してしまったことが状況を悪くしていたわけで、そこから脱するためには、価格を含めてイノベーションの度合いが高く、インパクトのある付加価値が必要でした。

私自身、あらゆる角度から考え抜いて出した答えだったので自信はありましたが、一方で不安も消えませんでした。眠れぬ夜が何日も続いたり、睡眠時無呼吸症候群に陥ったりしましたから、身心ともにかなり追い詰められてもいたのでしょう。

社運をかけた新商品「プライドポテト」のメディア向け発表会が行われたのは、2016年11月30日。

ホテル椿山荘東京の壇上に小池孝会長とともに立ち、私は、

「湖池屋の原点に戻る意味で、六角形の中に湖池屋の湖を配し、新しいＣＩ（コーポレート・アイデンティティ）とします。我々が一番大事にしていかなければならないのは、ポテトチップスの老舗であるということ。湖池屋の暖簾《のれん》を大事にしながら、お客様とともに未来をつくっていきたい」

と冒頭でお伝えし、新たな食文化の創成、日本品質の確立などについて話しました。

私が前職のキリンビバレッジから転じてきたのが5月。約半年にわたって社内改革、商品開発を駆け足でやってきて、最初の船出でした。

「プライドポテト」が実際にお客様の元に届いたのは、年があけた2017年2月のこと。

結果はすぐに出ました。一ヵ月の売上げ目標をわずか一週間で達成し、瞬く間に品薄となり、販売を休止せざるを得なくなったのです。

想定を大幅に超える大ヒットでした。

こうして、新生・湖池屋の幕開けは、想像以上の成功を収めることができたのです。社の命運をかけた最初の商品を起爆剤として、湖池屋は大きく生まれ変わりました。開く一方だったトップメーカーとの差も、こののち、一年また一年と少しずつ縮まっていきました。

その後も、たったいまに至るまで、売上げは、右肩上がりで伸びつづけていくことになるのです。

新生・湖池屋の歩みを振り返りつつ、これからどんな道を切り拓き、歩んでいこうとしているのかを少しずつお話ししていきたいと思います。

これからあとに続く、日本の若い人たちのヒントとなることを願いつつ。

2023年10月10日

佐藤　章

湖池屋の流儀

目次

装幀　松田行正＋杉本聖士

湖池屋の流儀

老舗を再生させたブランディング戦略

第1章

創業者の精神に学べ

34年勤めたキリンを卒業した

34年間にわたって在籍したキリンを辞めようと決断し、当時の社長に辞表を提出したのは2016年1月10日のこと。そして3月31日をもって退職しました。そのいきさつ、キリン時代の顚末については、また後述しますが、いずれにしても、この日から私は、フリーの身となったわけです。

このとき私は56歳でしたから、引退する気はもちろんなく、実際、食品や飲食を中心にいくつかの企業からもお声がけをいただいていました。ヘッドハンティングの会社に登録しましたので、そちらからもいくつかの候補が挙がっていました。

長いサラリーマン生活の中で、自分の歩んできた道、これから歩むべき道を初めてじっくり考えるいい機会でした。いったい自分は何に向いているのだろうか。そもそも何がやりたいのかを相当真剣に考えました。

たとえば、私は大学に進むときにも建築学科を選択肢として考えたぐらい、もとももと建築にも興味をもっていましたし、その先にある街づくりのようなものにも惹かれていて、畑違いではあるけれど、そういうインフラを含めた少しスケールの大きな世界に進むことも考えました。

理想の街づくり、美しい国をこれからいかにつくっていくか。そんなところまで思いは広がっていったのです。不動産？　広告代理店？　政治？　プロデューサー？などと思いのほかフィールドが拡大したり、いやいや、やっぱり何十年もやってきた原点である「食」にいま一度正面から取り組むべきだろう、などと考えをめぐらせていました。

そうやって取捨選択していく中で、最終的には、もう一回ものづくりをやってみたい、という気持ちが強くなってきたのです。

あれこれ考えていくうちに、だんだん自分のやりたいこと、やりたくないことがはっきりしてきた。つまりは、食品系のメーカーへと絞られてきたのです。

入社前に湖池屋の社屋をこっそり回った

実は、湖池屋からの誘いが最初にあったとき、私は、ハワイのワイキキに滞在していました。長らく勤めたキリンを離れ、妻とふたりで、仕事のことを考えることなくゴルフに興じていたのです。

もちろん、仕事への意欲はまったく衰えておらず、キリンを離れたことでさらに高まってさえいました。次の仕事をぼんやりと考えながらの休暇でした。

自由な浪人のような気持ちを久しぶりに味わう一方で、帰国したら次の仕事に向かって走りだすぞ、という情熱も抱えていました。次のステップへと踏み出す心意気に充ちていたのです。

実際、帰国した私を待っていたのは、さまざまな企業からのより具体的なリクルートでした。

そんな中のひとつに湖池屋があったのです。正確に言えば、提携関係にある日清食品からのお声がけでした（現在も日清食品の役員を兼任）。

私が「湖池屋」と聞いて、まず思い浮かべたのは、当然のことですが、ポテトチップスの老舗メーカーであるということ、そして同時に浮かんできたのが、いまひとつ元気がない、トリッキーなことをやっている、存在感が薄いといったネガティブなイメージでした。

あくまでもそれは、門外漢の私が抱いたイメージに過ぎません。しかし、外部の私がそう思っていたということは、少なからず一般のお客様が感じているということでもあるわけです。

ハワイから帰国すると、私はすぐに車を運転し、誰にも知らせずこっそりと湖池屋の社屋を見に行きました。ゆっくりと車で回って、外側から社屋をぐるっと眺めてみたのです。

そのときの第一印象は、社屋はどこか薄汚れていて、駅から遠いし、企業の立地としてはあまりよくないなというものでした。自分がここに来ることはないかもな、とまでこのときは感じていたのです。ここには通いたくないな、と正直そのときは思っていました。

結局、この日からしばらくして、私は、湖池屋に入ることになるわけですが、振り返ってみれば、事前に車で回っておいてよかったな、と思うことになります。もし、いきなり初出社していたら、覚悟が足りず、めげてしまったのでは、と思ったのです。それぐらい当時の「湖池屋」は沈んでいて、印象はよくなかったのです。

未来へつながるドメインはどこにあるか

それでも私が最終的に湖池屋を選んだのには、理由がありました。

まず、経営状況は厳しいものの、会社自体は独創的でユニークな存在であること。そして、国産原料にこだわるなど本物志向を創業以来貫いてきていること。大きくは、この2つがありました。

そしてなんといっても、キリンとはまた違うフィールドの食品会社であることが私にとっては魅力的でした。

さらには、親子二代のオーナー企業ということにも、改革と発展の余地を感じたのです。

ホンダにしてもパナソニックにしても、いろいろなところで転機があって、いつも未来に向かってより便利なものへと舵《かじ》を切り、つくってきたわけです。人間にとっての便利さをメーカーがうまく見つけ、対応してきた企業が成長し、大きくなってきたのです。

街の食べ物屋さんで言えば、より多くの人が旨いと思うもの、より幅広い層が食べたいと思うものにドメインを変えてきたところは残っているわけです。これはいつの時代も変わらない鉄則です。

でも、その上で、最初の生業を貫いて、大元が変わっていないところにも価値はあるわけです。たとえばホンダのバイクにしてもそうですが、業態は違えど、湖池屋のポテトチップスもまた創業以来脈々とつながってきた商品であるのです。そこにも、未来へとつながるひとつのドメインがあると私は思いました。

ライバル社を知る

湖池屋に入社した2016年5月から、私はスナック菓子を軸にした食品のこと、食品市場のことを一から学び、そして、来たるべき決戦の日に向かって、大急ぎで準備を始めることになりました。

まずはライバル社を知るべきだろうと、徹底的に調べてみた。すると、コストリダクション、つまりコストの縮小・削減を行っていることがわかりました。つくるだけつくってさばいていくやり方です。これは、ものづくりを第一と考えてやってきたマーケターからすると、まったく相容《あいい》れないやり方でした。そんなことではお客様は絶対に喜ばない、お菓子やおやつの社会的コンセンサスをつくることが大事なのではないか、と逆に考えました。

スナックとはそもそも何かに始まり、その他にも、調べること、見直すことは山ほどありました。

- 国産じゃがいもの特性
- 家族団欒《だんらん》、バラエティ、お酒のお供、小腹満たしといったベネフィット分析
- リベートの改善
- 問屋との契約の見直し
- ノンフライポテトは必要か

・知覚品質の構築
・海外事業戦略

これらをライバル社の動向、立ち位置、経営戦略などと照らし合わせ、社内の各部門に質問をぶつけながら、湖池屋らしさを探る作業を延々と続けました。

畑違いの飲料メーカーから来た私にとって、主力原料であるじゃがいもについて知ることも最大のテーマで、じゃがいもの成分分析に始まり、どのくらいの温度で揚げるのがベストか、厚さはどうか、含有水分量、糖分、風味、食感、とあらゆることを短期間で吸収しました。

もちろん、北海道や九州の生産者のもとにも足を運びました。そのうち「今金《いまかね》男しゃく」という品種が旨い、という話が出てきたり、桜前線よろしくじゃがいも前線が5月から9月にかけて日本列島を北上してくることなどを知り、さらにじゃがいもの奥深さにのめり込んでいきました。

創業者の肉声を聞く

当時、湖池屋は、営業で苦戦していました。ライバル社との安売り合戦に突入した結果、２０１２年、13年と2年連続で赤字に陥っていたのです。

知らない方も多いと思いますが、湖池屋は、日本で初めてポテトチップスを量産化したパイオニアです。それがポテトチップスでは後発のライバル社との安売り競争で疲弊している。これまでも難しい局面はあり、そのたびに新しい取り組みや修正をして乗り越えてきたわけですが、私が入社する時期には、まさに3回目の危機がきていたわけです。

ただ、いろいろと調べてみると、赤字になったのは、この2年間だけで、ずっと赤字が続いていたというわけではなく、やり方次第では、V字回復も可能なのではないかと思えました。

安売りは価格勝負ですから、商品自体にファンがついて売れているというわけではない。中身より値段、味は二の次というのが実情で、そこは逆に手の打ちようがあると見ていました。

というのも、私は、安ければ買うというお客様ではなく、世代を超えたファンをつくることが大切だと確信していたからです。

低価格で勝負するのではなく、味と商品のクオリティをあげていけば、わかるお客様はついてきてくれる。応えていただけるお客様は必ずいらっしゃると思っていました。そのためには、根本的に構造を変えなきゃダメだ、まずはそこから取り組もうと思いました。


ポテトチップスのパイオニアである「湖池屋らしさ」とは何か。

その答えは、創業者である小池和夫の知見にあるのではないか、と私は考えました。「ドメイン」になりそうなものを再認識した上で、いまの時代に適応するにはどうすればいいか。長い間培われてきた「伝統」を「革新」に変えることをめざすこと。それをまず最初に思ったのです。

原点である一番の大元に立ち返らないと未来は見えない、と考えたのです。

そんなことをつらつらと考えていたある日、創業者・小池和夫の肉声音源を見つけました。

湖池屋の創業は1953年。

創業者の小池和夫が腐心して日本ならではのポテトチップス「湖池屋ポテトチップス　のり塩」を発売したのが1962年。

その5年後にはポテトチップスの量産化に成功、その地位を不動のものとしていきます。半世紀以上も前の話です。

創業者・小池和夫は、その草創期を振り返った音源の中で、このように語っていました。

「業界で最高のものをつくれ。高くても買ってもらえる品質をめざせ」

その後、こんな言葉も残しています。

「ポテトチップスは料理に近く、その延長のようなもの。湖池屋は、昔から、料理をつくるような感覚でポテトチップスをつくってきた」

しかも、小池さんがめざしたのは、アメリカのポテトチップスではなかった。あくまでも日本人の味覚に合った日本人が美味しいと感じるポテトチップスをめざしていたのです。

この創業者から与えられたテーマに創作意欲をかきたてられ、私の頭はフル回転で動き出します。もう、アイディアが止めどなく湧きだしてきたのです。

私は、いま一度、湖池屋の原点を見つめ直し、何がドメインで、クリティカル・コア（中核となる打ち手）は何かを徹底的に見直すことを始めます。模倣すればするほど、隘路《あいろ》にはまっていくというクリティカル・コア。独自路線を築き、しかも、相手が模倣してきたときに、逆に差異を生み、突き放すというストーリーをいかに構築していくか。

「三方よし」という文化

最初はもう、あらゆる角度から湖池屋の未来を考えました。
たとえば、世界戦略。湖池屋が世界に出ていったときの武器は何か。
あるいは、ポテトチップス以外にはどんな商品が可能なのか。
どこまで食領域を拡張していくのか。
健康食としてどう挑むのか。

ドメインはポテトチップスだが、サブはコーンスナックでいいのか。
辛口市場の波にはどこまで乗っていけばいいのか。
主に午後3時半以降に食べられていたスナックを昼からにできないか。
どこまでだったら湖池屋らしいのか。
たとえば、和菓子への挑戦は許されるのか――。

日本という市場があって、四季に富み、豊かな自然があって、豊富な素材があり、進化しつづける加工技術がある。ロジスティックスもあるし、デジタル技術もあって自由にSNSも使える。グローバルをめざすにしても、まず、日本のお客様を大事にすることから始めたほうがいいんじゃないか。

日本人が一番優れているのは、手先が器用といったことよりも、実は心の優しさ、温かさ、思いやりにあるのではないか。長屋文化でみんなでわけ合って食べるとか、武士の情けで恵むとか、あるいは、商売で「三方よし」と言われるような、かかわる人みんなが幸せになるという「和」の文化がある。

「三方よし」とは、もともと江戸時代に近江商人が唱えたもの。企業は利益追求だけでなく、お客様や社会にも利益還元するべきという考え方です。

だから、まずはお客様の喜ぶことを考えようと思いました。お客様の不満や要望を聞かないことには、その喜ぶ顔も見えない。もっと言えば、人や社会の課題を解決することが会社の存在意義なのではないかとも思った。

ゼロ地点に立って、考えるべきことは山ほどありました。

徹底的に日本を掘ってみる

そんな理想や疑問、思いを小池孝会長に投げてみました。

小池会長からは、「もうちょっと具体的にならないの」などと言われつつも、「でも、いいんじゃない。創業者もアメリカ生まれのポテトチップスを居酒屋で食べて感動した。それを日本人の舌に合うように、のり塩を思いつき、みんなの喜ぶ顔を見たかったと言っている。一緒じゃないですか」とも言われた。

小池会長とはこのとき、徹底的に話をしました。

湖池屋が昔から北海道で契約栽培を続けてきたことで、じゃがいもの品質が極めて安定していること。その品質の圧倒的な差、しかも何万トンもの貯蔵倉庫が必要であることなどから、いくつもの会社がポテトチップスづくりに挑んできたもののあきらめて去っていったこと。そして、そんな中で、現在のライバル社が１００円で市場に入ってきて、価格競争を仕掛けてきたこと。しかもこの会社だけは覚悟が違っていたことなど、これまでの背景をこと細かにレクチャーされました。

その一方で、湖池屋は「カラムーチョ」をつくったこととか、その後、「スコーン」や「ポリンキー」「ドンタコス」と世界の旨いものをヒントにしてアレンジし、立て続けにヒット商品を出していったということも熱く語られた。

ただ、それがいま、うまくいかなくなってきたということだった。その状況を打破するためには、マーケティングに強く、商品軸を変えられる人が必要だという話でした。これまでの発想とは違うイノベーションが起きないとこの苦境は抜け出せない、という判断をされていました。このとき、小池会長からは、「何をやってもいい。支えていくから」と言われたわけです。

私は、世界からいろいろなものを持ってきてダメだったのなら、徹底的に日本を掘ってみよう、と思っていました。

と同時に、スナックという本業以外に手をつけるのはまだ早い。まずは、本業を立て直さないことには、本当の意味での湖池屋の復活はないと思っていました。

「湖池屋」を名乗り直す

私が入社したとき、湖池屋は「フレンテ」という社名でした。ホールディングスとしてジャスダックに上場（2004年）するにあたって広がりをもたせたいということで、2002年に社名を変更していたのです。海外進出、後継者の養成などを想定してのことでした。

健康食品をはじめとする未来型の食品をつくることを想定したときに、「湖池屋」の名前が邪魔をする可能性があると、当時は考えていたようです。

1997年に発売された「ピンキー」という大ヒット商品があり、2002年には乳酸菌LS1を使用したタブレットの開発に成功したり、新分野に向かって大きく動いている時代でもありました。

ただ、それからさらに十数年が経ち、私が入社したときには、また社会状況は変わってきていました。

私は入社後ほどなくして、小池会長に、

「いま一度、湖池屋を名乗り直しませんか。湖池屋に戻しませんか」

と提案しました。

会長は最初、驚かれたようでしたが、すぐに意図を汲んでくれました。

私は、いまの時代は、カタカナの会社ではなく、もっと息づかいが聞こえるような日本人のみんなが知っている「湖池屋」がしっくりくると思っていたのです。

社名を「湖池屋」に戻すことで、和菓子の「虎屋」、あるいは鮨屋の「久兵衛」「すきやばし次郎」といった老舗感、人間味、暖簾感、そのような価値を改めて主張したかったのです。

室町時代に創業した「虎屋」。この老舗感、暖簾感は、本当にすごいと私はかねてから思っていました。伝統を引き継ぎながらも革新を忘れず現代の商売へとつなげている。学ぶことは数多《あまた》あり、私は、歴史の違いはあれど、「湖池屋」がめざすべきひとつの姿は、スナック界の「虎屋」にあり、と思い描いたのです。

また、デパートの地下にもヒントはありました。いわゆるデパ地下にはさまざまな老舗が出店していて、名物が売られ、駅弁が並び、和菓子・スイーツが充実している。そこには、職人がいて、パティシエがいて、アーティストがいる。そうしたクリエイターたちが最大限の熱量を込めてつくった商品を求めて、たくさんのお客様がやってくるわけです。

この「虎屋」やデパ地下が抱え持つ老舗の重さ、熱量、手作り感、個性、古き良き伝統、職人技……そういったものが大事だな、大切にしたいな、と思ったのです。どこかしっとりとしていて、とてもスナックを出しているとは思えないようなクオリティの高い会社。そのためには、「湖池屋」という名前は絶対でした。

日本人ならではの知恵と経験

入社して半年ほど、私は、しばしば夜中に飛び起きてはメモをとる、ということを繰り返していました。創業者・小池和夫の作り出した「湖池屋」。日本人の味覚に合うポテトチップスをとことん考えて「のり塩」を生み出した。何度も何度も試作を繰り返す姿を当時の社員に見せた。

この熱量、こだわりをいまの時代に復活させなければならない。もう一度原点に戻り、創業者の知見を現代に昇華させる。新生・湖池屋のシンボルとなるような商品でもう一度お客様の信頼を得る。そんなものづくりの姿勢が大切なのではないかと考えた。

いまのお客様からの要望と向き合い、その経験とアイディアをいま向かっている課題へと惜しげもなくつぎ込んでいくこと、それこそがあるべき日本企業の姿だと思ったのです。

湖池屋に注入したかったのもそんな経営でした。

物量で押しきるようなパワーマーケティングではなく、付加価値を生み出す経営。価値あるものを生み出して、きらっと光る存在になる。そのために明快な商品をつくり出すこと。

それがみんなの感動や喜びを生み出すんだと私は信じています。そうでないと、日本はどこまでいっても、規模では海外にはかなわない、ということになってしまう。

日本には、日本人には、戦うポテンシャルもあるし、知恵もある。自信をもって、誇りをもって自分たちの戦い方を貫くべきなのです。塩梅、良い加減、阿吽《あうん》の呼吸……、その細やかさ、心配りにこそ勝機はあるし、意義もあると思うのです。

お客様の要望をカスタマイズしてこそ重宝がられるし、その価値に見合う価格をいただける時代がすぐそこに来ているのではないか。

だからこそ、日本人ひとりひとりが経験を積みながら、その付加価値の高い仕事をやり抜いていってほしい。

それが私のものをつくっていく上での理想の姿なのです。

六角形のマークに込めた思い

湖池屋に入って最初に気づいたのは、この会社には素晴らしい資産や価値が眠っている、ということでした。

この忘れられている価値を整理し、共感されるコンテクストに並び替えたらいい。お客様が求めている現代のコンテンツをつくればいいんだと思ったわけです。

つまりは創業者の知見である日本産のじゃがいもを使って、天ぷらをイメージした日本人の味覚に合ったポテトチップスをつくること、そこにこそ答えがあると思ったわけです。

創業者・小池和夫は、徹底的に日本発の美味しいものをつくりたいと考えていたのだと思います。

なぜ、日本人が日本で食べるじゃがいもをわざわざ海外から運び入れるのか。日本産のじゃがいもを丁寧につくってお届けする。こっちのほうが旨いに決まっていると創業者は考えた。

じゃがいも前線にしたがって、5月の九州から9月の北海道まで、じゃがいもを追いかけ、加工する。じゃがいもの流通がちょっと薄いときは、米やとうもろこしといった違う素材でカバーする。ポテトチップスが豊富じゃないから、こちらも食べてくださいね、という真っ当な知恵です。

そんなことをいま一度お客様に知っていただくためにも、国産じゃがいもによるポテトチップスをもってして、世の中に問い直したかったのです。

創業者である小池和夫は、やはりアーティストだったのだと思います。大人に食べてもらいたいと思い、塩と青のりを使う。でも油で揚げているから食べ飽きてしまうかもしれない。ならば一味か七味をぴりっときかせようと日本人の口に合わせていった。

そんな創業者の発想を50年余り経ったいまの時代にフィットさせて答えを出す、それが私に与えられた命題でした。

トレードマークとして六角形が浮かんだのもそんなときでした。

親しみ、安心、楽しさに加え、本格、健康、社会貢献の6つからなる亀甲マークとするのはどうだろう。そこに込めた意味は、あくまでも裏コンセプトですが、これをCI（コーポレート・アイデンティティ）にしよう、と浮かんだのです。

すぐに調べてみると、湖から始まる会社はなく、これを亀甲マークの中に入れれば、絶対に湖池屋を表すマークとなると確信したのです。

創業者の出身地は、長野県の諏訪です。自身の名字は小池だけど、諏訪湖のように大きくなれということで「湖池屋」となった。そういう意味が込められていたので、夢を乗せるという意味でも湖はいいと思ったのです。

「湖」のマークを見ただけで、唾が出てきて食べたくなる。そんなシズル感もあると思った。「湖のマーク＝美味しい」を定着させられると思ったのです。

同時に創業者がやりたかったことを現代に蘇らせることは有意義で、社員もついてきてくれるとも思った。いきなり外からやってきた佐藤章がトップになって勝手にやっているわけではない、ということもアピールしたかったのです。

このの湖池屋復活の速度を速めた理由は、湖池屋という名前に戻したことだと私は確信しています。

湖池屋が原点に戻って、亀甲の湖をロゴマークと掲げたところから、すべては始まったのです。

そして、それは、ライバル社が決して持っていない、永遠に持ち得ないものでもあったわけです。

第2章

日本のじゃがいもしか使わない

「湖池屋プライドポテト」開発秘話

「安売り市場なんか一切見るな」

2016年5月、湖池屋に入社した私は、商品開発の方向性を模索するのと並行して、社内改革に取り組み始めます。3ヵ月ほど、社内の流れや社員の顔色を見たり、各部門のリーダーたちとの面談などを繰り返しました。

私が入った当初、2年連続で赤字を経験したということもあり、社内には重たい空気が漂っていました。言い方はよくありませんが、社員の多くが負け犬根性のようなものをまとっている気がしたのです。どこか自信を失い、萎えているように見えました。

もちろん、外からいきなり飛び込んできた私に対しても、社員は複雑な思いを抱いていたはずです。お手並み拝見というところもあったでしょう。

私が次に感じたのは、社員同士のコミュニケーション不足です。

負の連鎖とでもいえばいいのでしょうか。営業部門は、マーケティング部門を信じていないし、生産部門もまた他の部門を信じていないという状況でした。3本部がバラバラだったのです。それぞれの部門がそれぞれ人のせいにして、滞っているという状況でした。

そして、圧倒的に指示待ちの人が多かった。上司に言われる通りにやっているから、自分は悪くない、という感じがありありとうかがえました。業績が悪く、給料が上がらず、ライバル社との競争に疲弊し、出口がなくなっている。そんな状態だったのです。

この停滞を突破する一番の方法は、結局、商品に立ち返ることでした。つまり、オリジナリティに充ちた唯一無二のヒット商品を出すことです。

ヒット商品がないと、みんなやりようがないし、エクスキューズだけが生まれます。みんなが見ていたのは、お客様ではなく、ライバル社の動向でした。湖池屋らしい、いい商品をお客様に届けるという気持ちがいつの間にか薄らいできていたのです。

ライバル社とともに引きずり込まれた安売り市場なんか一切見るな、むしろライバル社と対極的な企業ポジションをつくらないと、うちは勝てないぞ、と私は社内を鼓舞して回りました。

正面攻撃ではなく、差別化戦略

負け犬状態を払拭し、もう一回原点に立って未来を創造していく。どのような会社になりたいのか、夢ある人が育つ、ワクワクする、チャレンジングな企業をめざそう、そんな思いで社員とつきあい始めました。

キーマンにインタビューし、問題点を整理し、改革すべき点を確認しました。

工場にも行って、わからないことがあれば尋ねました。とにかく会う社員、会う社員と言葉を交わし、社内に流れている空気をつかもうと思っていました。

全国に散らばる営業社員にも直接インタビューをしに行きました。合宿をして、「500億をめざせ」と奮起をうながしたりもしました。

ライバル社に大きくつけられた差をどう埋めていくか――。

- 売上げだけでなく利益と両方を見ること。
- 継続することと中止すること。

・やらなければならないこととやりたいこと、出来ることを明確に。

こうしたことを語り、これからのブランド戦略を示しました。たとえば、シェアがライバル社40％、湖池屋15％という25％の差こそがブランド力の差であり、これを突破する。そのためには正面攻撃ではなく、差別化戦略で挑む。

そんな私の戦略、思いを社員にも直接伝えたわけです。

そうやって、最初の半年は、社員の意識改革に重きを置きました。

目標を明示し、自分の目標に落とし込み、達成すれば給与もアップする。そんなモチベーションを高める仕組みをつくりつつ、社内の風通しをよくすることを意識していました。

企業変革の軸になるのは「一品」

この年、社員の意識を変え、新生・湖池屋の意気込みを伝えるため、私は一冊の小冊子をつくり社員全員に配布します。

この小冊子は、社内向けではありましたが、きちんとデザインし、写真なども厳選した美本です。社員に誇りを持ってもらうための小冊子でした。
たとえば、私は、その中の一ページに次のように記しています。

一品で発見する
―飛躍する先を見つける―
○日本を代表する湖池屋になろう
国産素材原料が主流となる生活価値観を先取りして作る。
唯一無二の日本の老舗メーカーへ。

一品を広げる
―会社を変える―
○新たな食文化を創造しよう
健康や食文化を切り口に、
スナックの新たな価値を発見・提案し、

スナックの社会的な地位を向上させる。

日本を代表するポテトチップス
という「一品」を核に、
時代が求める品質へと高めていく。
変わりつづける湖池屋へ。

あるいは、次のようなことも書いています。

「一品」が湖池屋を変える

企業変革の軸になるのは「一品」。
足元にある強みを発見し、熟成させた、
これぞ自分たちだと思えるような「一品」。

「一品」が創り出す価値が誇りに変わり、
その誇りの連鎖が新たな価値創造の原動力になる。
「一品」をきっかけに、企業は日常的に変革しつづける。

一品を探す
一品に込める
一品を伸ばす
一品で発見する
一品を広げる

企業変革がめざすのは、
会社の内を変えることではなく
お客様への提供価値を変えていくこと。
その原動力となるのは他でもない、
我々社員一人ひとりの主体性です。

下を向いて歩いていた社員たちに、私は小冊子の最後で、「イケイケＧＯＧＯ！」を合い言葉に、こう発破をかけました。

新しいほうへ、イケイケ！
社会や環境の変化を先取りして、新たな食文化の創出を。
難しいほうへ、イケイケ！
高い壁にこそ立ち向かう、お菓子業界のチャレンジャーに。
面白いほうへ、イケイケ！
スナックの楽しさを忘れない、遊びゴコロのあるブランドに。

そうやって社内を奮い立たせ、リブランディングしつつ、湖池屋を変える「一品」として開発したのが、「湖池屋プライドポテト」でした。

ポテトチップスを日本で初めて量産化した企業のプライドを込めてつくった、魂の商品でした。

マーケターの醍醐味とは

リブランディングを掲げて、再出発の旅が始まったわけですが、なぜ、リブランディングが必要だったのか。

その答えは、「変わらなければ、生き残ることができない」からです。

たとえロングセラー商品であったとしても、いずれは終焉《しゅうえん》を迎える可能性は大いにある。２０１７年には「カール」が東日本エリアで販売を終了しています。あの「カール」が、です。

ただし、スナック菓子そのものを嫌いという人はめったにいません。お客様が食べたいというものを提供すれば、スナック自体の需要はある。その需要に応えるために、商品の中身の品質と容器の組み合わせで価値をもたせ、商品ポートフォリオを組んでいくのです。

時代の変化にスピーディに対応し、プロダクトの品質と容器の両面からお客様の食指を動かす切り口を考える。それこそがマーケターの仕事であり、醍醐味なのです。湖池屋の社運をかけた新商品の開発は、そういう意味で、私のモチベーションを最高に高めてもいました。

湖池屋らしい一品、湖池屋が誇れるポテトチップスをどう生み出すか。試行錯誤の日々が2016年の入社直後から始まります。

湖池屋品質を標榜し、買う動機を持ってもらえる商品をいかにつくっていくか。

私が新商品の「一品」に込めようと思っていたのは、先の社員向け小冊子にも記した、次の3つでした。

【湖池屋品質】

一、味な湖池屋へ

「自然の力を掘り起こす」ライバル社とは異なる優位性を。
素材の旨さを調理で引きだす「料理人がいる湖池屋」を確立する。

二、日本を取りに行く
国産材料にこだわり、日本ならではの製造技術にこだわる。
日本の素晴らしさを商品に込め、高品質の拠り所にする。

三、現代品質を創る
国産需要をはじめ、健康需要、お酒のつまみ需要、ストック需要、ストレス解消需要、食代替需要など、現代の食文化におけるスナックの新たな価値を発見。
スナックの社会的地位の向上を目指す。

こんな志の高い「一品」とはいったいどんなスナックなのか。
苦悩の始まりでした。

「のり塩」こそ創業者が辿り着いた味

7月の段階で、「湖池屋プレミアム」という名称があがり、原点であるポテトチップスのハイブランドをつくる動きがスタートします。

前後してお客様にデプスインタビューを行い、いま一度ポテトチップスがどう食べられてきたかのカスタマージャーニーを検証しています。

その人がこれまでの成長過程で、どんな環境でいかなる経験をしてきたのか。その人にとっての価値観をさぐるのがデプスインタビューです。

それにより、たとえばこんなストーリーが浮かんできます。

家に置いてあるポテトチップスを初めて口にしたのが幼稚園から小学校低学年のとき。その後、親にねだって買ってもらうようになり、買い置きされるようになる。中学や高校に上がると、スナックとの距離感には個人差が出てきます。部活で忙しかったり、体重を気にしたりとそれぞれの環境差が出てくるためです。そして、大学生あるいは社会人になると、自分で購買するようになり、アルコールと一緒に食べたり、パーティなどでも食べるようになっていきます。

一方、どんな味のポテトチップスを食べてきたかというと、人気のトップは塩味で、次がのり塩、そして、コンソメ、バター、醤油とつづいていきます。

塩味が一番人気ではあるけれど、やはりのり塩こそが定番であると私は思っています。日本らしさの象徴であるのりや磯の風味による絶妙な味のバランスがなんといってもポテトチップスの深みにつながる。味の濃さ、食べ応え、ご馳走感もあります。1962年に創業者・小池和夫が初めて辿り着いた味。日本の技術が生んだ日本のポテトチップスなのです。

そもそも、もともとのり塩がトップだったところへ、塩味の投入によってイメージが分散したといういきさつもありました。

日本を応援する、日本の技術を生かす、ということでいえば、のり塩こそがプレミアムなのではないか、唯一無二のおつまみなのではないか、という方向性がデプスインタビューなども参考にしながら、しだいに出来上がっていきます。

社内に「のり塩プロジェクト」を立ち上げ、人間の細胞膜の中でどう旨味ができるのか、のりの種類や比率をどう設定するか、油分をどうするかといった技術面の研究、テストも始まります。

この頃、出ていた名称は、「JAPAN POTATO」「KOIKEYA 100」などでしたが、8月末のブランド戦略会議で「KOIKEYA PRIDE POTATO（湖池屋プライドポテト）」に定まります。

原材料の確保、価格、陳列棚、パッケージ、風味の調整、発売時期など、しだいに商品は具体化していきます。

「水、空気、油、火」で素材の旨味を引きだす

私は、5月の入社以来、「じゃがいもと料理」「食と健康」「食の未来」といった食をとりまく大きな問題を意識してきました。湖池屋は、スタートしたときは、そもそもポテトチップスのメーカーではなく、お好み揚げなどを製造販売するおつまみ菓子メーカーでした。そこから創業者がアメリカ生まれのポテトチップスと出会い、創意工夫を重ねながら日本オリジナルのポテトチップスを初めてつくった。

創業者・小池和夫の探究心は大変なものだったと思います。

日本中のじゃがいもを取り寄せ、皮のむき方、洗い方を考え、厚さを変え、油を試し、揚げる時間を調整し、試食を繰り返す。日本人の口に合うようにするにはどうすればいいいか。どんな風味を加えればさらに美味しくなるのか。先にも述べたように、それはまさに料理をどう美味しくしていこうかと挑む料理人の姿勢でした。

そして、私たちはいま、ポテトチップス以外の飯の代わりになるものをつくろうとしています。

「ポテトチップスは料理に近く、その延長のようなもの。湖池屋は、昔から、料理をつくるような感覚でポテトチップスをつくってきた」という創業者・小池和夫の言葉にあるとおり、私たち湖池屋がめざす原点はその「料理」にあると私は考えつづけてきました。

私が大事にしている概念に、天と地（東洋思想）、木、火、土、金、水（古代中国の自然哲学である五行思想）があります。私がそれまでキリンで開発してきた「生茶」「ＦＩＲＥ」といった商品でも、それぞれ水や火をイメージしたネーミングのものを出しています。

いつも、発想のもとにはこれらの概念があって、自然と人間というモチーフが消えない。

あるいは、岡本太郎の「太陽の塔」が縄文土器から刺激を受けたように、先人たちの知恵、発明を受けて、次の発想が生まれると信じている。

新しいアイディアや商品というのは、何も突飛なものではなく、先人たちの知恵を生かしながら、イノベーションをつくっていくのだ、と信じてやってきました。

「プライドポテト」もまさにその延長線上にありました。

「プライドポテト」では、飲料と違って料理の要素が入っているので、「水、空気、油、火」という4つの要素で素材の旨味を引きだす、つまり、じゃがいもの旨味を引きだすということを意識しています。

実は、この考え方は、エッセイストの玉村豊男さんの『料理の四面体』という著書に登場したもので、それを拝借しています。

煮る、炒める、揚げる、くんせい、干物、生もの、とあらゆるものがこの四面体で説明できるのです。

こんな感じのチャートです。

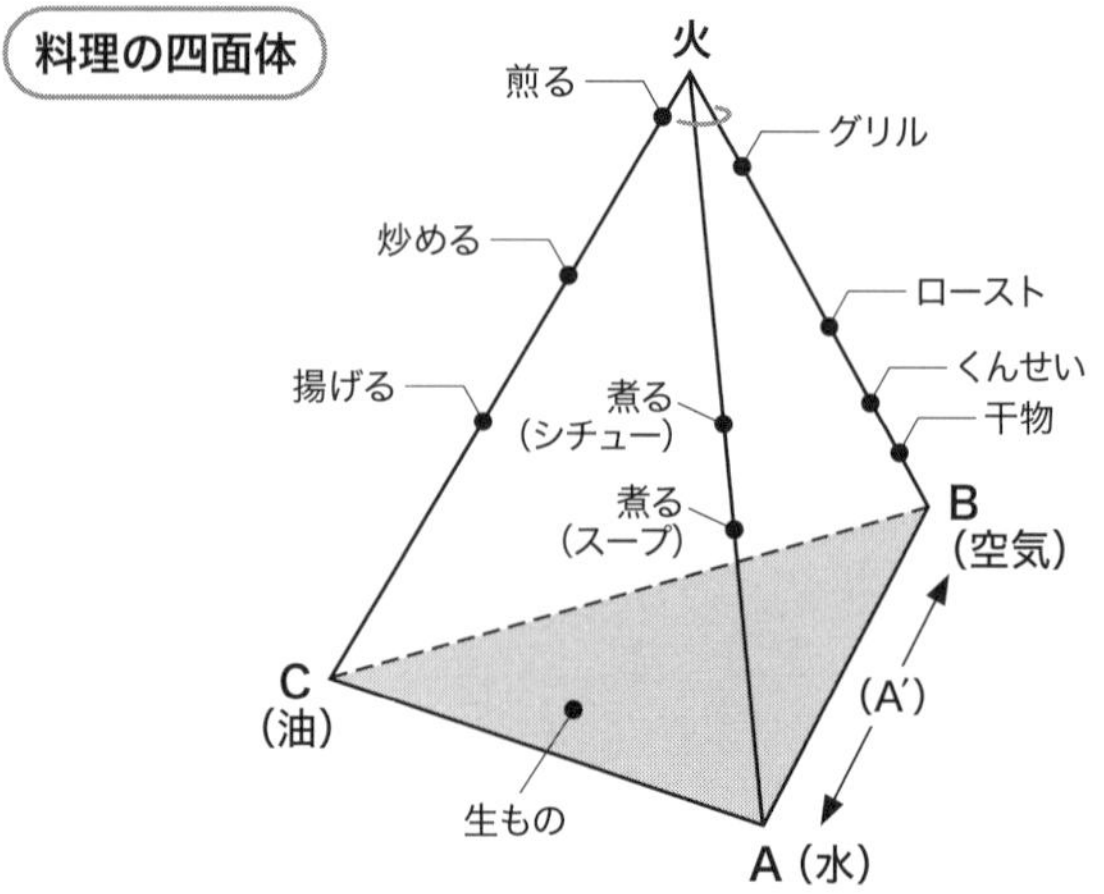

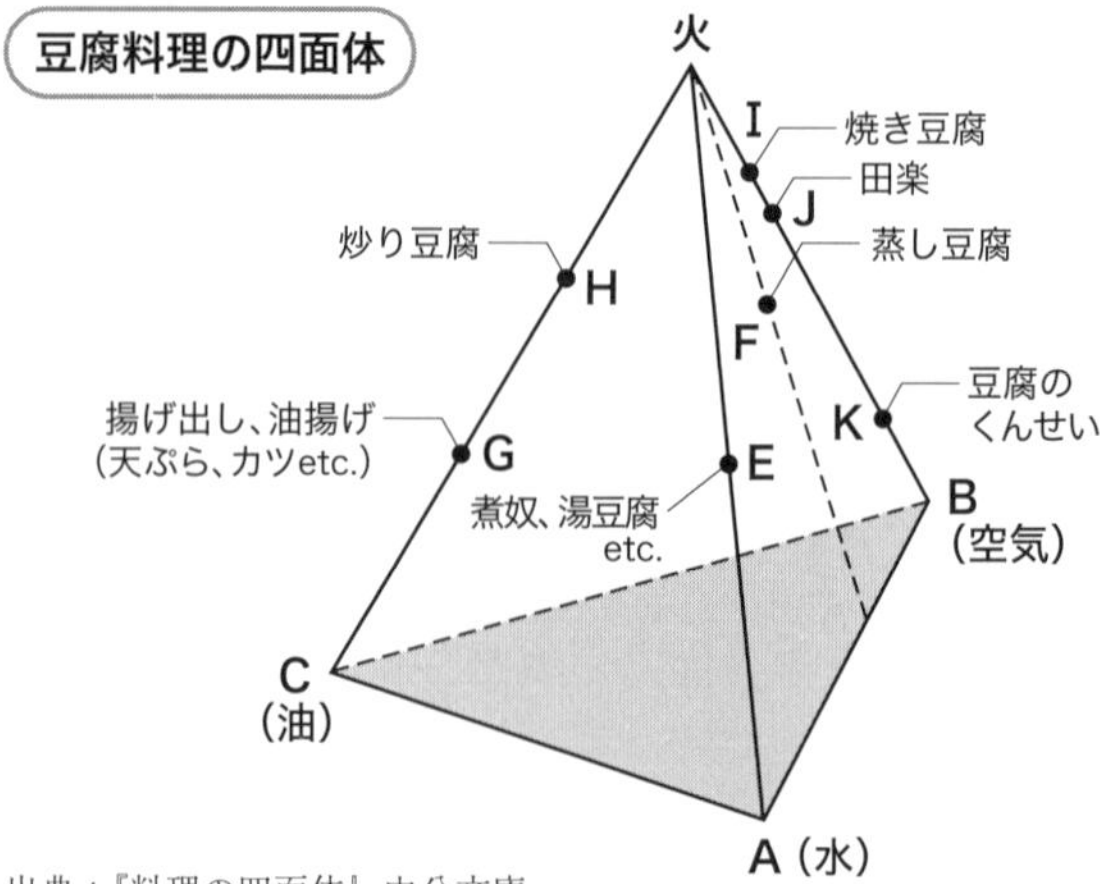

出典：『料理の四面体』中公文庫

あるいは、豆腐料理のチャートは右下の図のようになります。

じゃがいもに関しても同様のことができるわけで、これは私にとってのその後のアイディアの源泉となりました。

じゃがいもは人々を救ってきた

私は、こんなストーリーをつくりました。

料理屋「湖池屋」にいるのは、料理人・小池。その小池が「水、空気、油、火」を絶妙に組み合わせながら、じゃがいも料理をつくる。使うのは、国産じゃがいもをはじめ、やはり国産の海塩《かいえん》、藻塩《もしお》、岩塩、海苔、アオサなど。これらの素材を4つの技の組み合わせで引きだしていく。日本人の舌にフィットするように料理する。

素材となるじゃがいもは、現代に至るまでに長い道程を経て、日本へと辿り着いています。

じゃがいもは、紀元前3000年代からアンデス山脈で栽培され始め、4000メートル級の高地でも栽培が可能という作物です。

インカ帝国の礎をつくった作物で、チューニョというフリーズドライによる保存じゃがいもは、治安を守るために兵糧《ひょうろう》としても活用。とうもろこしより高地で栽培でき、保存できる点（水分を抜き、乾燥させ、食べる際には粉にし、団子などにして食べられる）で、インカ帝国で最も重要な作物となりました。

その後、スペイン人のフランシスコ・ピサロがペルーを蹂躙した1533年に持ち帰り、約250年後、全ヨーロッパで生きるのに不可欠な野菜として、絶対的地位を獲得します。

ヨーロッパで起きた大小さまざまな飢饉《ききん》で、じゃがいもはたびたび人々を救うことになります。そして、寒冷地でも痩せた土地でも栽培でき、生産性が高く、栄養価の上でも優れていたじゃがいもは、やがて世界へと広がっていく。

この貴重な作物を現代風に身近にしたのがポテトチップスというお菓子だと私はいつも思っています。作物が菓子となって、人々に浸透し、愛されてきた。

じゃがいもとは、それほど素晴らしい作物であり、そんな食材を使って創意工夫を重ねながら、新たな商品をつくっていくことは、私にとって、この上ない喜びでした。

一番の懸念は価格だった

さて、そうやって、「プライドポテト」はブラッシュアップを繰り返していきます。試作品も大好評で、他社商品に対しても連戦連勝というテスト結果を出し始めます。しかし、私の中では、この社運をかけた商品に不安がないわけではありませんでした。

身体にも変調が出始めます。8月から9月にかけて、私は、睡眠時無呼吸症候群に襲われるようになっていました。息が吸えなくなって、苦しくなり、夜中に起きてしまうのです。

そのせいで、社内での会議中に急に居眠りを始めたりしていたので、周りの人からはなんだこいつと思われていたかもしれません。

夜中に考えすぎて寝られなくなったり、途中で起きてメモをとったりして、そんな冴えた頭をクールダウンさせるためにゴルフチャンネルでゴルフ番組を見てようやく寝る、といった日々が続きました。これは、キリン時代にはなかったことです。

それぐらい「一品」に追い詰められてもいたのでしょう。もし、この「プライドポテト」が失敗したら、会社がつぶれてしまうというぐらいのプレッシャーがあったのです。

組織的にも短期間で急激な改革を進めてきていたわけで、私自身も、もしこれが失敗したら後はない、という感じでした。「あれは大丈夫か」「あれは確認したか」など、次々と不安材料が出てきてしまうのです。

中でも、一番の懸念は、価格でした。

湖池屋を救う道と信じて掲げたプレミアム路線でしたが、本当に高くていいんだろうか、という思いがふっと頭をもたげてくる。やっぱり、まずは通常価格から始めるべきだったんじゃないか、ともう一人の自分が言い寄ってくるわけです。

けれども、安売りで苛まれた会社に「付加価値経営を」と宣言して走ってきたわけで、もはや引くわけにはいかない。

その一方で、社員から「高い理由はなんですか」と平気な顔で訊かれたりすると、「えっ、食べてみてわからないですか」と応戦してはみるけれど、不安は助長されるわけです。

儲からなくなっていた収益構造を変えるためには、ある程度利益の上がるもので勝負しないと、いくら売れても成功とは言えない、意味がないと私は思っていました。そんな不退転の決意で挑んでいたわけですが、そこが最後まで一番のプレッシャーでした。

商品化前のテストでは手応えもあり、それはたしかに安心材料でした。ただ、マーケターは、調査を大事にしてお客様の意見ですべてを決めていくと言いつつも、一方で「それは本当かなあ」と疑っている自分が常にいるという性格の人種でもあります。実際、疑っているときのほうが当たるときもあるのです。

その怖さも知っているから、完全には信じ切れないのです。

大胆に、思い切り振り切る

新商品が成功するか否かは、イノベーションの度合いということになります。

通常と違えば違うほど、高くても売れる。似たり寄ったりのところで高価格をつけると、「どこが違うの、たいして変わらないなら普通のでいいよ」となってしまうのです。

イノベーションの起点となるのは、「こういう時代だから、こういう商品が求められる」という仮説です。「プライドポテト」では、「グローバル化された社会にあって、日本人は、改めて国産原料を求めているのではないか」という仮説を立てました。そして、原料となるじゃがいもは100%国産を貫く、と決めたのです。

そのイノベーションを実現するために、北海道、東北、関東、九州など全国の農家を訪ね歩き、作付面積を広げていただくようお願いしました。ポテトチップスに適したじゃがいもの確保、さらには、適するよう品種改良したじゃがいもの作付けもまた、イノベーションを支える大切な要素でした。

もっとも、品種改良には7年近く、そこから量産となるとさらに3年かかるわけで、100%国産じゃがいもと一言で言っても、一朝一夕にはいかないのです。

「プライドポテト」では、そうした中身のプレミアム感に加え、それを投影したパッケージのセンスがものすごく重要でした。

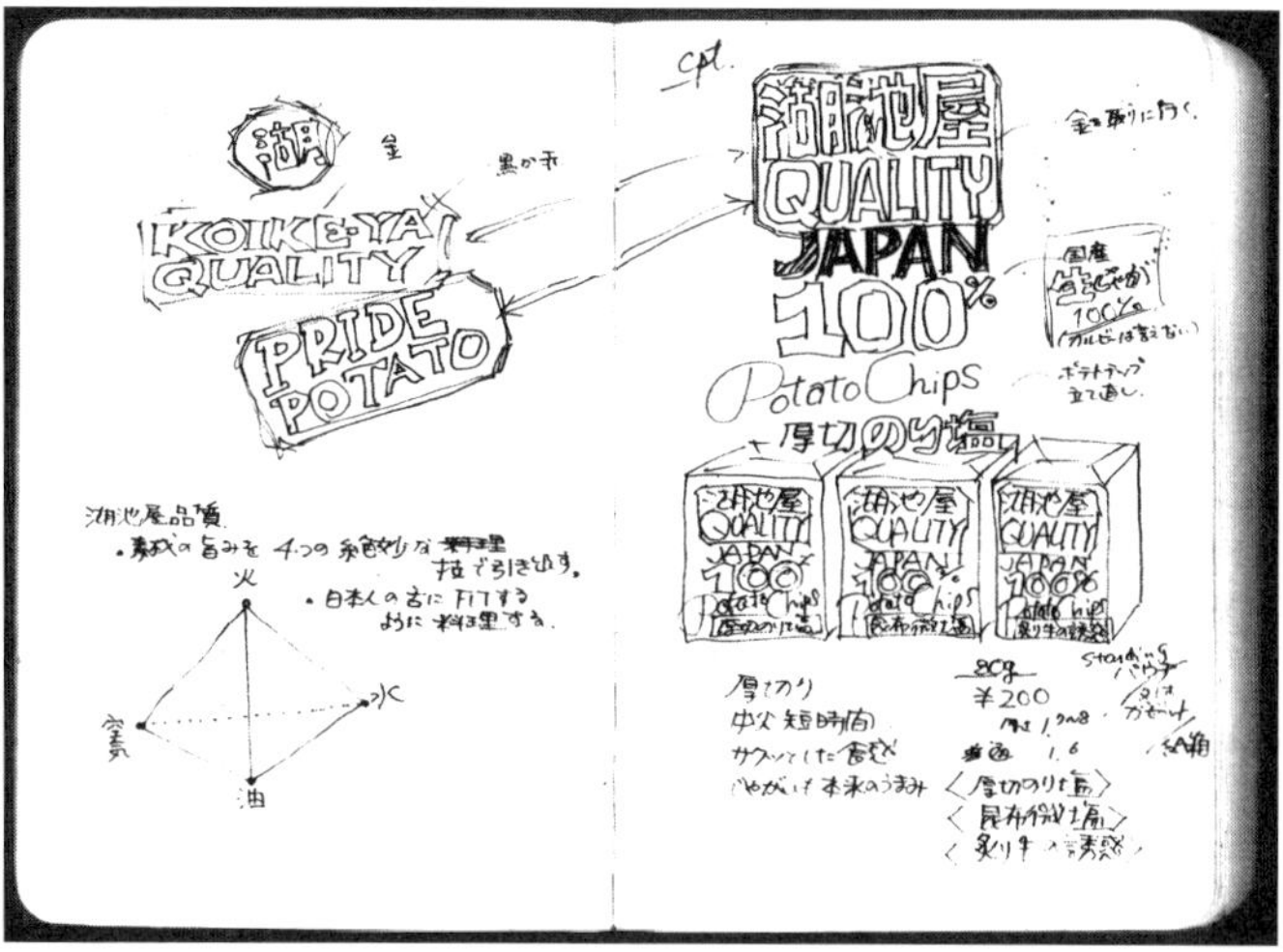

著者のノートより

まず、底を平らにして自立式のスタンディングパッケージとします。これだけでも随分印象は変わります。

私は、まず自分でパッケージのイメージ画、ロゴを描いてみました。

私は、絵が好きなので、スケッチで描いてデザイナーにこんな感じで、と見せることがよくあります。私の新商品に込めた思いを伝えるという意味もあります。

ジャパン100%、国産100%などを強調し、最初にざっくりと私が描いたのが上のデッサンです。

これをもとに、デザインを発注しました。

デザイナーは、多摩美術大学で客員教授をやっていたときの教え子に頼みました。それが新進気鋭の川腰和徳さんで、クリエイティブディレクターの篠原誠さんの太鼓判でした。

全部で100以上のデザイン候補を出してもらいました。それをひとつずつ、「これは不祝儀袋、これはTシャツみたい」「これはダサいとダサくないの中間だな」「ロゴが小さい」「シズルは実写のほうがいい」「赤はいらない」などと言いながら選び出し絞っていきます。

その良し悪しを決めるのは、私たちチームの感覚だけです。

もちろん、私の感覚がどこかで鈍っていることはあるかもしれません。けれども、そんなときはチームの若手のセンスに頼ります。お客様に定量調査もかけるし、私が暴走することはまずありません。

デザインの担当者とは私が直接やり合います。担当者が絶対にやりたいものと、私がやりたいものとで勝負ということもままある。「プライドポテト」においても最後の最後まで、互いの意見をぶつけつづけました。

心を鬼にして個性的にした商品。スナックにあるまじきデザイン。周囲からは、

「トイレタリーみたい」「化粧品みたい」などと揶揄されながらも、順目のきれい事ではダメなんだ、普通の人の選ばない逆目でやらなきゃいけない！ とプレッシャーをはねのけた。「プライドポテト」では、とにかく周囲の雑音に惑わされずに、大胆に、思い切り振り切ることが大切だと私は思っていました。

コマーシャルイメージが先にできた

「プライドポテト」の発売は、私が社長に就任した10月から間もない時期に、と思っていたのですが、さまざまな条件を計算していくとどうしても年明けになってしまうことがわかった。というのも、ポテトチップスに使用するじゃがいもは、10月から新じゃがになります。潤沢にじゃがいもがあるときじゃないと、もし、これが売れて、じゃがいもがないということになると困ってしまう。結局、発売日は２０１７年2月上旬に決定しました。

そんな商品の形がまだ完全には定まらない9月頃のことだったと思います。たまたま私は、自宅のテレビで「歌うま選手権」という歌番組を目にします。

その日の出演者の中に女子高校生がいて、「最強アマチュア女子高生」としてゴスペルを歌っていました。バーブラ・ストライサンド、ホイットニー・ヒューストン、ドナ・サマーといったクラスの歌いっぷりで、ものすごく上手かった。

その瞬間、「あ、この子に、100%国産じゃがいも」って歌ってもらおう、「プライドポテト」と歌ってもらってインパクトを出してもらおう、とひらめいたのです。

商品はできてないのに、コマーシャルイメージのほうが先にできてしまったわけです。この子と100%国産じゃがいもというのがうまくはまれば話題になる、とその番組を見ているときにひらめいたのです。

あとからわかったのですが、彼女、鈴木瑛美子さんは、「全国ゴスペル甲子園ボーカル部門」で最優秀賞を受賞した経験のある実力者でした。

「100%日本の芋を使っている」というテーマを投影した力強い歌にのせて、荒涼とした大地を進む映像は、新生・湖池屋のフラッグシップを彩るに最高の作品となりました。狙い通り、ぴったりとはまったのです。

多くの人々にも強く印象を残したようで、国産じゃがいも100%をテーマにした「100% SONG」のCM動画は再生回数100万回を超え、しばらくその後も話題になりました。

スナック菓子史上に残る大ヒット

2017年2月6日、運命の日がやってきます。全国のコンビニで「プライドポテト」を発売、いよいよ、審判がくだされる日がやってきたのです。

この日、第1弾として発売したのは、次の3種類でした。

「秘伝濃厚のり塩」――「3種の塩」と風味豊かな国産青のりが織りなす絶妙な味わいに、アクセントで3種の唐辛子をブレンド。口の中に広がるのりの風味と濃厚な味つけ

「松茸香る極みだし塩」――焼津産かつお節と、日高産昆布の重なり合う2つの旨味に、松茸の風味を加えることによって、奥深い和食ならではの味わい

「魅惑の炙り和牛」――厚切りした高級和牛を炭火で炙ったような、香ばしくてジューシーな旨味に、黒胡椒でキレを加えた濃厚な味わい

結果はすぐに出ました。

一ヵ月の販売目標をわずか一週間足らずで達成。先行発売したコンビニで爆発的に売れ、一週間後に販売を開始したスーパーマーケットでも火がついたのです。

CM効果も働いて、スナック菓子史上に残る大ヒットとなりました。年間20億でもヒットと言われるスナック市場で初年度40億の売上げをたたき出したのです。

実は、前年8月、ポテトチップスをつくっている北海道のシレラ富良野工場が台風の直撃を受けました。浸水して工場がストップし、機械が全部ダメになった。生産体制が完全に崩壊したのです。

また、じゃがいもの生産量も不十分でした。じゃがいもが十分にある2月に発売、と勢いこんでいたのですが、裏側では痛し痒しの状態が続いていたのです。

売れたからすぐに大増産というわけにはいかず、結局、「魅惑の炙り和牛」の出荷を早々に停止し、他の2種に生産を集中し安定供給をはかることにします。

私は、その売れ行きに応えられない生産体制を恨みました。もし売れたときにじゃがいもの確保は大丈夫か、生産体制は問題ないかと前もって確認していたにもかかわらず、増産体制に入れなかったわけですから。

私は、この直後、包装機を20台以上注文します。スタンディング式の特殊なパッケージをつくれる機械をオーダーしたのです。

これだけで数億円のコストが掛かります。もし、売れ行きにブレーキがかかったらどうしようという不安はありましたが、その後も順調に売れつづけ、「プライドポテト」は湖池屋の中核となっていきます。

いくつかのアイディアがある中で、最もイノベーション度の高い商品を新生・湖池屋のトップバッターとして世に送り出したことは大成功でした。難しいけれど、無難に走らず、革新性の高い思い切った商品をぶつけたことが最大の勝因だったと思っています。

「プライドポテト」は、わずか半年間でアイディアから発売まで辿り着いた商品です。

それは、それまで私が培ってきたこと、市場を読み取ること、時代を感じること、さらには遊びや回り道を含めての経験に大いに頼ったところもありました。

そして、もちろんその急ぎ足の変革に社員たちが一所懸命追走してきてくれたことがこのプロジェクトの成功の最大要因だったことは言うまでもありません。

しかし一方で、「プライドポテト」は、新生・湖池屋の第一矢にすぎない、ということもわかっていました。

第二、第三の矢を放ち、命中させてこそ、ライバル社との距離を本当の意味で縮めていくことになる。逆に言えば、第二、第三の矢が失速し、的を射ることができなければ、第一矢はたまたま当たっただけ、と揶揄されることも覚悟していたのです。

第3章

つくるのではなく、醸し出す

スーパードライに打ちのめされた営業時代

順番が前後しますが、この章では時間の針を戻して、キリンビール時代のキャリアを少しだけ振り返ってみます。

第1章で少し触れたように、キリンを正式に去ったのは、2016年3月末のことでした。新卒で入社したのが1982年4月でしたから、丸34年勤めたことになります。

最後に任されていたのは、キリンビバレッジの社長でした。

就職に際し、私が最終的にめざしたのは「ものづくりをする会社」でした。いくつかの企業にあたってキリンビールを選択したのですが、面接のときに「うちはいいものをつくるけれど、宣伝が下手」と聞き、自分の活躍の場があるかもしれないと考えたのです。

しかし、入社して配属されたのは、群馬、栃木、茨城、山梨、長野の5県をカバーする関東支社の営業部でした。

仕事は、月曜日に出て行って、金曜日に帰ってくるという出張営業で、ベテランに混じって新人は私一人という環境。同期の仲間の多くは、東京都内に配属されていました。私の中では、軽い失望がありました。「なぜ、俺だけが」とつい思ってしまったのです。

しかし、時間とともに、実は、自分はラッキーな現場に配属されたのではないか、と思うようになります。

消費量が多い東京と違って、あらゆる業態を担当するのが北関東の特徴でした。問屋、酒屋、スーパーマーケット、コンビニ、居酒屋、スナック、ゴルフ場、スキー場、温泉地など、ありとあらゆる業態を回り、現場で学び吸収することが無限にあったのです。いわば、よろず型営業です。

結果的にこれが私の視野を広げ、得がたい経験となったのです。

これまで触れたことのない業態の裏側を歩いていると、実にユニークな仕事人がいることを知りました。そして、その人たちはこれまで会ってきたような人とは違い、ときに破天荒だったり、奥行きがあって面白い人が多かった。そんなところに飛び込んでいって、初めての人に商品を売り込むという仕事が私には合っていたのです。

もともと絵が好きだったから、手づくりＰＯＰをつくったり、店舗デザインをアドバイスしたりもしました。

スキー場に一日でビール１０００ケースを納めることもあったりして、いつしか私はブルドーザーと呼ばれる営業マンになっていました。

馬鹿正直に一生懸命営業に取り組む20代前半の若者は、大人たちの目には新鮮に映ったのでしょう。

営業成績は順調に伸び、競合他社のシェアをじりじりと食っていく日々がつづきます。しかし、好事魔多し。そんなある日、好調な勢いを完全に止めてしまう出来事が起こります。


入社６年目のことでした。

１９８７年、その後の日本のビール市場を一変させてしまう、圧倒的な商品が誕生したのです。

アサヒスーパードライです。

私は、この突如として現われた新商品に完全に打ちのめされます。日を追うごとに勝ち取った取引先の棚や飲食店が次々とスーパードライに奪われていったのです。

それはそうです。テレビでは斬新なコマーシャルが打たれ、圧倒的多数の人々がスーパードライへと飛びつき、飲食店はこぞってこの新登場のビールを求め始めていたのです。

ものすごくショックを受けました。単に新商品が誕生し、ヒットしたという生やさしいものではなかったのです。

ビールのスタンダードがこの瞬間に変わりました。まさに地殻変動です。いまだにスーパードライが古びることなく生きつづけていることからも当時の衝撃の強さはわかると思います。

もちろん、手をこまねいているばかりではなく、スーパードライに流れるお客様をなんとか食い止めんと、私は、必死に動きました。

しかし、圧倒的な商品力の前に一営業マンが太刀打ちできるはずもありません。たった一発の商品がこれほどまで大きく市場を動かし、人々の欲求に応え、愛されるという現実を、私は目の当たりにしたのです。しかも、ライバル社の……。入社以来初めて味わう挫折でした。

商品開発者は職人ではなく、コーディネーター

私は、力のある商品を自分でつくるしかない、つくりたいと強く思い、商品開発に異動を申し出ます。

しかし、もちろん、ことはそう簡単には動きません。

打倒スーパードライを胸に、商品企画に入ったものの、すぐに自分が戦力としてまったく通用しないということがわかります。飛び交うマーケティング用語はわからず、商品企画のいろはも知らない。新商品の開発などできるはずもなかったのです。

泣きたくなるような日々の始まりでした。

私は、徹底的にお客様へのインタビューを重ねました。生活スタイル、食の傾向、ビールへの不満、本音。しかし、それでも結果には結びつかない。企画書も通らず、なかなか新商品の発売まで辿り着くことができないのです。

一時は営業に戻るか、とまで思い悩みました。

やがて開発が一向にうまくいかない理由がわかってきます。そのひとつは、やはり、私がどこかでスーパードライの幻影を追っていたからでした。

営業時代、私を打ちのめしたライバル社をどう超えるか、どういう対抗商品をつくるか。そればかり考えていて、発想を拘束し狭めていたのだと思います。

結局、1年が過ぎた頃、私は、既存のビールの担当へと異動させられます。つまりは、新商品の開発を外されたのです。

そんなある日、私の窮地を見かねたのでしょう、上司が「一度、本場のドイツを見てこい」と勧めてきてくれました。

一週間ほどの日程でしたが、技術者、アートディレクター、マーケターを引き連れたこの旅で私は、息を吹き返すことになります。

ドイツのハイデルベルクから入ってミュンヘンへと向かうルートで、大小さまざまな醸造所や工場を見学しました。中には、職人が一から十までの全工程をたったひとりで担っているような工房もありました。ホフブロイハウスというミュンヘンの有名なビアホールにも行きました。

現地を巡ってわかったのは、ビールの味はひとつではない、製造法も色も味わいも違っていいんだということでした。そこに個性を見たのです。

ミュンヘンで会った職人ハンス・ボルフィンガーに、

「どうすれば、美味しいビールがつくれるんですか」

と尋ねたときのことです。

彼は、即座に、

「つくるんじゃない、醸し出すんだ」

と返してきました。

醸し出すという言葉が胸に突き刺さりました。

なんとか美味しいビールを、新しいビールをと力んでいた私は、ドイツの職人たちとの出会いを機に、本質が何かを改めて考えるようになります。そして、自分はビールづくりの職人ではなく、コーディネーターなのだという思いに行き着く。人を動かし、人とともにものづくりをしていく。そんなことを思考する旅となったのです。

プロフェッショナルの仕事について思いを馳せた私は、帰国後、「キリンブラウマイスター」を企画開発します。ドイツで見たビールづくりの原点を投影した商品でした。

この新商品は、ヒットすることとなり、私は、一度は失った自信を取り戻していました。

キリンビバレッジへの出向、そして「FIRE」のヒット

15年キリンビールに在籍したあと、私は、キリンビバレッジへと異動、ノンアルコール飲料の開発に取り組みます。

もっとも、キリンビバレッジへと言われたときには、当初、不満もありました。というのも、当時、私は、「キリンブラウマイスター」を出し、商品企画部チームリーダーとして脂が乗り始めたときだったので、赤字になりそうな会社に行かされることに、少なからず抵抗があったのです。

ただ、いざ行くとなったときには、私は考え方を完全に変えました。

これからは、アルコールじゃなくて、老若男女のために普通の飲み物を考えたほう

がいい時代なのかもしれない。そんなこれまでとは違う広いマーケットで自分にも何かできることがあるかもしれない、と切り替えたのです。

そして、97年6月、キリンビバレッジに移り、新商品の開発をスタートさせます。最初のヒットは、99年に発売した缶コーヒーの「ＦＩＲＥ」でした。発売からわずか４ヵ月で１０００万ケースが売れました。缶コーヒー界の地殻変動でした。

バブル崩壊後、世の中に漂うのは、癒やしムード。停滞感がそこここに漂っていました。不況感も強かった。私は、そんな空気を一掃するような、強いものを打ち出したかった。

そこで出てきたのが「自分の気持ちにいま一度エンジンをかける」ようなコーヒーでした。

『ダンス・ウィズ・ウルブズ』のワンシーンをヒントに「火」をテーマとすることが浮かび、商品イメージも少しずつ固まっていきました。いま一度、時代に、自分の心に火をともそう、元気に走りだそうという思いでした。

こうなると私の開発意欲は一気に走りだします。斬新なアイディアが次々と浮かんできました。

まず、開発、営業、広告、資材といった部署ごとに「ＦＩＲＥ」担当を募り、さらに広告代理店、製缶メーカー、コーヒー豆のメーカーなどにも加わってもらい、新たなチームをつくります。

その結果、缶にエンボスを入れたり、直火で炙った豆を使ったり、と前例を覆す缶コーヒーが誕生するわけですが、上司からは散々でした。「ＦＩＲＥ」というネーミングをはじめ、ほぼすべてに否定的反応だったのです。

ただ、私にとっては、その反対の声が逆に自分の自信になっていました。というのも、それは裏を返せば、アイディアが斬新で、凡庸ではない、という証しでもあったからです。

自分の思いがスティービー・ワンダーを動かした

結局、１年半近くを経て、ようやくゴーサインが出ます。

コマーシャルには、大好きなスティービー・ワンダーの音楽を使いたいと思っていました。

しかし、スティービー・ワンダーからはあっさり断られてしまいます。

でも、そんなことで私はあきらめられなかった。すぐに手紙を書きました。

「苦しんでいる日本のサラリーマンを元気づけたい。歌だけでもいいから、つくっていただきたい」

そんなお願いをしました。

すると、数週間後に突然、国際電話が入ります。

「曲ができたぞ」

という本人のメッセージをマネージャーから伝えてもらえる電話でした。

すべての仕事をキャンセルして、私は、ロサンゼルスのスタジオへと飛びました。

「"To Feel The Fire"という日本人を元気にする歌だ。聴いてくれ」と言って、スティービー・ワンダーが目の前で生歌を披露してくれました。

もう、感動なんてものではありません。全身鳥肌がたちました。

なんと、曲だけでなく、コマーシャルそのものへの出演も快諾していただき、「FIRE」のデビューは、想像以上のインパクトをもたらします。

一度断られたからといってあきらめずに、説得しつづけたことが奏功したわけですが、「日本のサラリーマンを応援したい、心に火をつけたい」という一念がスティービーを突き動かしていたのだと思います。その思いが商品にも憑依し、さらに力を持ったのだと思います。

「キリンのプリウスをつくれ！」

その後、「生茶」「アミノサプリ」「世界のキッチンから」などの商品開発に携わり、2007年、私は、商品開発研究所長としてキリンビールへと戻ります。

その前年になりますが、福岡の海の中道で一家5人を死傷させるという飲酒運転事故が起きました。テレビのニュースで知った私は、アルコールメーカーとして何とか役に立つことができないかと考えました。自らに課した命題は、トヨタが開発したハイブリッド自動車プリウスにあやかり、「キリンのプリウスをつくれ！」でした。

私がそこで打ち出したのが「キリンフリー」でした。

アルコール0％の飲料。それまでもノンアルコールを謳《うた》った商品はありましたが、どれも微量のアルコールが入っていました。これではドライバーは飲んで運転することができません。

そんなとき、「アルコールがまったく入っていないノンアルコールビール」の実現がコンセプトとして浮かんだのです。通常、ビール造りでは麦汁に酵母を発酵させてアルコールと炭酸ガスを生み出します。そこからアルコール分を遠心分離させて取り除くのですが、どうしても完全に0％にはできません。途方に暮れていたとき、商品開発研究所のひとりが「キリン氷結」のように「調合」でアルコールのような味覚を実現してみたらどうかと提案してくれました。

ビール醸造の常識からすれば、とんでもない邪道。反対する人も少なくなかったのですが、「飲酒運転をなくしたい！」という社会貢献に役立つ商品をつくる大きな目的からすれば、まさに「飲んでも運転できる」という「意味の変わるイノベーション」のスタートでした。どうすれば、アルコール感を生み出せるか、まったく未開拓の味づくりでした。

こうして、本格的なコクや苦味を持ちながら爽快なのどごしも味わえるノンアルコールビールが生まれます。

「世界初のアルコール０・００％」となった「キリンフリー」は、まったく新たな市場をつくることに成功していきました。「社会貢献」を可能にする商品を意識するようになったのもこの時です。

会社の文化や風土を大事にする

２００９年、キリンビールのマーケティング部長となった私は、「一番搾り」を麦芽１００％へ昇華させるリニューアルを敢行します。

「一番搾り」は、私の先輩である前田仁さん（故人）が「ハートランドビール」とともに生み出したビッグブランドです。当時は発泡酒や第３のビールが台頭してきており、ビールの付加価値化が必要でした。リニューアルは大変勇気の必要な仕事ですが、大リーガーだったイチローさんを起用し、「麦芽１００％の旨味を爽やかに搾る」というコンセプトを、「ＮＩＰＰＯＮ ＩＣＨＩＢＡＮ」というキャッチフレーズで高らかに謳いました。日本ならではの製法である「一番搾り」をすべてのビール愛飲家の皆様にトライアルしてほしかったのです。

この麦芽100％の「一番搾り」の逆襲などで、この年キリンはビールシェアの首位を奪還しています。

キリンビールの中にある文化をお客様にとっての価値に変え、世に問えば、必ずお客様はそれに応えてくれるというのが私の思いでした。

2011年になって、私は執行役員九州統括本部長となり、福岡に赴任しました。そんなとき、東日本大震災が起きます。キリンビール仙台工場も貯蔵タンクなどが倒壊し、甚大な被害を受けました。当時の松沢幸一社長がブラウマイスターの資格を持つ技術系出身の社長として、体を張って仙台工場を守り抜きます。ビール工場の復活によって、地元の方々に少しでも役に立ちたいという松沢社長の執念はいまでも鮮明に記憶しています。

これを見習い、私も微力ながら「世界一の九州をつくろう！」というスローガンをつくり、九州一県一県の役に立つ活動を社員とともに行っていきました。

「明治日本の産業革命遺産」や「『神宿る島』宗像・沖ノ島と関連遺産群」を世界遺産に登録するために地元の方々と取り組んだ活動は、地域社会の課題を解決するということがキリンの風土のひとつになった経験として、いまでも忘れられません。

2014年、キリンビバレッジの社長となった私は、当時不振にあえいでいた「生茶」を石岡怜子さんによる斬新なパッケージにし、生茶葉の旨味を封じ込めて再生させました。そして、これをもってキリンを卒業することとなります。経営者でありながら商品開発者でもありたかったこともあり、会社より伝えられた異動は辞退したのです。

私の中では、やっぱりいい商品をつくりつづけたかった。世の中に何か役立つ、人々の心に残るユニークなことを仕掛けていきたかった。それができるか否かがこのときはひとつの判断基準となったのです。

誤解しないでいただきたいのは、私は、キリンの文化は大好きです。魅力的な人も多いし、品質本位の職人さんたちもたくさんいる。その人たちから話を聞き、刺激を受けて発想した商品がたくさんあります。

たとえば、「果実をもいだらそのまま冷凍。そのほうが瞬間的に鮮度が封じ込められるから美味しい。香りも味も閉じ込められて」と職人さんから聞いて、そうか、瞬間的に氷……氷結かと「氷結果実」が誕生した。

生ビールに苦しめられてきた中で誕生したのが「生茶」です。飲酒をしたら運転してはいけませんが、これであれば、フリーですと言って開発したのが「キリンフリー」。そういうプロダクトの本質的価値をお客様にとっての価値に変えてきた私にとっては、キリンの文化は本当にかけがえのないものだったのです。技術者との壁打ちのようなコミュニケーションこそが大切。だから、湖池屋に来ても、湖池屋の文化や風土というのを大事にしたいし、後輩となる若手のマーケターには、新しいものを生み出すために技術者とのやりとりをつづけていってほしいと思っています。

最終的にキリンを去ったのは、3月31日。めざす方向性の違いはあったけれど、社長は全うすると決めていたので、最後の日まできっちり務めました。

キリンでは、アルコール、ノンアルコールの両分野でいくつものマーケットの「掟」を体得できました。多様なカテゴリーの商品群は、マーケターである私を鍛えてくれました。キリン時代の経験は私にとって大きな財産となっています。

もっとも、キリン時代に学んだ打ち手は、いまのフィールドでは必ずしも使えるわけではありません。

たとえば、湖池屋にはキリンのような潤沢な広告費がありませんから、工夫しながらマス広告にＳＮＳを組み合わせたりして、熱狂的なファンを増やし大切にしています。

また、商品自体も、同じ嗜好品でありながら、ビールとスナック菓子とでは性格が違います。ターゲット、飲食シーン、用途が違い、方程式が当てはまらないものも多いのです。

逆に嗜好品でありながら、スナック菓子はほとんどのお客様に愛され、「笑顔の素」になっています。本当に強みです。そして、このスナックにかかわれる幸せを社員たちにも感じてほしいのです。

第4章

職人技で難題に挑む

第2弾「じゃがいも心地」は自由演技

新生・湖池屋の社運を賭けて発売した「湖池屋プライドポテト」は、成功裏に終わったわけですが、これはあくまでもファーストステップがうまくいったにすぎません。もっとも、もし第1弾がつまずけば、そのあとの苦戦は目に見えていましたから、絶対に負けられない戦いでもあったわけです。

第1弾を落とすことなく、第2弾へと向かっていくことは、絶対の条件だったのです。

「プライドポテト」は規定演技できっちりと結果を出した。さあ、第2弾は自由演技だぞ、というような思いもありました。第2弾では、第1弾ほどのプレッシャーははっきりいってありませんでした。

実は当初、第1弾は、別の商品でいく予定でした。

それが第2弾で用意した「じゃがいも心地」でした。結果的には、こちらを第2弾に回して正解でした。

もともと、「じゃがいも心地」は、2015年から北海道地区限定で発売されていた商品でした。それをリニューアルして、全国区版にして新生・湖池屋の第1弾として発売しようというアイディアもあったのですが、新生・湖池屋のデビューには、やはりゼロからつくった「プライドポテト」のほうが相応しかったのです。

しかも、発売当初、「じゃがいも心地」は季節商品だったので使うのは採れたての新じゃがのみ。これを厚めに切って揚げると、パリッというよりはザクっとした食感になって旨いのですが、実はこれがあまり売れていなかった。

知らない間に発売されて、知らない間に消えている季節商品という印象で、一向に定着していなかったのです。販売期間が短く、お客様が名前を覚えることもなく棚からなくなっているということを毎年繰り返している商品でした。

この季節商品をまったく同じ製法、同じような食感になるよう、1年間を通して食べられるブランドにするのが第2弾のテーマでした。

技術陣のトライアル＆エラー

「じゃがいも心地」を開発している当時、湖池屋にはすでに「頑固あげポテト」という商品がありました。しかし、これもまたあまり売れていなかった。私は、これを生産中止にして、ブランニューした「じゃがいも心地」を全国区で売ろうと考えました。

しかし、技術陣にとっては通年販売というのが難題でした。

新じゃがの時期が終われば必然的に貯蔵芋を使うことになります。貯蔵芋は、新じゃがのように簡単にはほくほくに揚がらないという問題がすぐにもちあがりました。食感を残しつつ、厚く揚げるというのが当時の技術では至難だったのです。

結局、揚げる時間と温度のかけ算で調整していくしかないわけですが、じゃがいもの状態を見ながら、揚げ時間を合わせていくのは手間もかかり、簡単なことではありませんでした。

けれども、そんな難題に職人技で挑めるのが湖池屋のいいところでもあります。揚げては試食し、「いまひとつ」と突き返すことが何度続いたことか。それでも、技術陣は必死にくらいつき、トライアル&エラーを繰り返し、ついに合格ラインへと達します。

「ブルーグレー」のリベンジプロジェクト

一方、そうやって苦労して手間暇かけて完成させた中身に相応しいパッケージデザインは思うようなレベルには達していませんでした。

私は、キリン時代に仕事をお願いしていた、あの石岡怜子さんにデザインを依頼することにします。これまでも私の思い描くイメージを見事に商品に落とし込んできてくれた超一級のデザイナーです。

ただ、このときのオーダーに際して、私は、ひとつだけ注文を出しました。パッケージのベースの色をブルーグレーにしてほしいとお願いしたのです。

実は、以前、石岡さんとブルーグレーのデザインで出そうとしたビールが商品化できなかったことが自分の中ではずっとひっかかっていたのです。

当時、私と石岡さんは大衆にすり寄らず、熱烈なファンに向けて大人のメッセージを発信したいという思いもあってブルーグレーを選択。この珍しい色に思いを託し商品開発をしていたのです。

結局、ニッチすぎて、大衆受けはしないだろうという上司の判断で、このときは商品化には至らなかったのです。

石岡さんには、こう言いました。

「俺、決めてたんだよ。今度、石岡さんと仕事をするときには、ブルーグレーのリベンジプロジェクトにするぞ、って」

石岡さんはこう返してきました。

「えー、ポテチでブルーグレーなんてないんじゃないの」

私はこう重ねました。

「そう、ないよ、だからいいんだ。でも、水色は何回やっても失敗しているから、ブルーグレーでお願いしたい。その違いを表現して、アーティスティックにやってほしい」

クリエイターという存在

実は私は、「じゃがいも心地」というネーミングをいまひとつだと感じていました。「心地」という言葉がどうも素人っぽくて嫌だったのです。「まあしょうがないか」と、私がぶつぶつ言っているのを石岡さんは傍らで聞いていて記憶していたのでしょう。出てきたデザインには、「じゃがいも心地」という文字の下地に「PURE POTATO」という文字が加わっていました。

私が一言も発していない言葉がデザインされていたのです。私は、思わずうなりました。素晴らしいアイディアだな、と。

「じゃがいも心地」と「PURE POTATO」がセットで、ブルーグレーの色彩の上に乗っているパッケージ。じゃがいもの絵柄は縦積みに描かれ、余白が多いデザイン――。

この絶妙なシズル感が人々の心をとらえます。

この石岡さんもそうですが、私にとって、クリエイターたちはかけがえのない存在です。

広告のクリエイター、コピーライター、デザイナー、さらには料理人と、いいブランドの裏には必ずいいクリエイティブスタッフがいる。佐藤可士和、早川和良、篠原誠、石井原《げん》……キリン時代から私は多くのクリエイターたちと仕事をしてきました。

こうした人たちと刺激し合い、言葉を交わし、ブレストすることで、新商品は生まれてきたのです。

「じゃがいも心地」のネーミングについて補足すると、その後、「PURE POTATO」のパッケージの認知度が高まったこともあり、2023年9月のリニューアルで「PURE POTATO（ピュアポテト）」にブランド名を変更しています。

企業経営ではノリが一番重要

「じゃがいも心地」においてもそうですが、商品の仕込みのときの頑張りが結果に結びつく、というのはこれまで何回も味わってきた実感です。頑張れば頑張るほど、発売した瞬間の爆発力があるのです。

ブルーグレーという私の中で温めてきたニッチな色を出したり、あるいは、容器で、ネーミングで、商品に手を伸ばす引き金をつくる。要は爆発力をもって名乗りをあげ、手にとっていただく。お客様に食べてもらわないと何も始まらないのです。

「じゃがいも心地」のブランド担当者に、「何かをエンドースメントする証拠の特定名詞、固有名詞をさがしてこい」と言ったのも、そんなトリガーを求めてのことでした。

そこで出てきたのが「オホーツク（の塩）」と「岩塩」というワードでした。ブルーグレーに負けない最高の言葉の組み合わせでした。

技術陣が苦労したじゃがいもの味、食感も見事に結実し、2018年に発売された「じゃがいも心地」は、またまた大ヒットとなります。

私の持論で、ボウリングでストライクをとったら、ダブルが大事、ダブルがとれたらターキーを狙う、というのがあります。ターキーがあったら、4つ目もとるぞ、という流れをつくっていきたいのです。

企業経営では、その流れ、ノリが一番重要なのです。ヒットを連続させるのです。それが企業の活力を生みだし、推進力をあげていく。ヒット商品こそが社員のモチベーションをあげ、会社を伸ばしていくすべての核となるのです。
「プライドポテト」「じゃがいも心地」の連続ヒットに酔う間もなく、私たちはすぐに第3弾の商品開発に取り組み出します。

コロナ時代のスナック――「ストロング」の台頭

この頃になると、開発チームの面々とのやりとりがスムーズになり、どんどん面白くなってきます。いろいろなタイプの人間や個性が浮かび上がってきて、意見の相違やぶつかり合いも起きてきて刺激的で楽しいのです。

同じタイプの人間ではなく、いろいろな人が集まって議論する。喧々囂々《けんけんごうごう》の議論で、けんちん汁ごった煮チーム、異種格闘技といった感じで、互いに刺激し合いながら新商品の企画を考えていくわけです。

そんな彼らと第3弾のネーミングの検討に入っていきます。

この第3弾は、コロナ禍の前で世の中の空気を深掘りし、顕在化していない少数派の意見から生まれ、このコロナの時代に一気に広がっていった商品の開発例です。

スナックは、小腹満たしとか、友だちとわいわい騒ぎながら食べるとか、自分へのご褒美などさまざまなシチュエーションで食べられてきた。けれども、「本音でほしいスナックとは何か?」「Z世代の求めるスナックとは?」と若いメンバーに問うと、「ストレス解消になるものです」と何人かが答える。

ストレスという言葉はネガティブで使えない。ならば何か。ストレスをふっとばすような「濃さの衝撃」がほしい。そんな議論を商品企画チームで続けました。

しかし、一週間が過ぎてもチーム内からは相応しいブランド名がなかなか出てこない。

私は、業を煮やして、こんな話をしました。

「かつて、『氷結』という商品をキリンで出したときに、女性にはその爽やかさゆえにウケがよかったんだけど、男性からは華やかで風味はいいが、物足りない、という声が多かった。男性ウケはしてなかった。よし、ならば、『氷結』の中に燃費のいいやつをつくろう、となった。5%だったアルコール度数を9%にして、『STRONG』と銘打ったらうまくいったんだ」

商品開発の刺激になればという思いで、私はかつての成功例を持ち出したのです。

その2、3日後、彼らが会議で出してきたネーミングは、なんと「ストロング」でした。

思わず、私は、「ばかやろう」と苦笑するしかありませんでした。たとえで出した「ストロング」をまさかそのまま持ってくるとは思いもしなかったのです。

しかし、よくよく考えてみれば、ストレスフルないまの時代に「濃さの衝撃」が求められているとすれば、「ストロング」は確かに有効かもしれない。

私は、ビールでもかつて「キリン・ザ・ストロング」というのを出したことがあって、これも初発はうまくいったのです。瞬発力のあるネーミングであることは間違いなかった。

味の濃さを「濃い」と表現するのではなく、「ストロング」と言い表す。うーん、これはありかもしれないと、私は結局、「ストロング」でいくことを決断します。

「ストロング」は、サワークリームを思い切り立たせた「サワークリームオニオン」を筆頭に、その後も、「鬼コンソメ」「ガチ濃厚ピザ」など次々と濃厚な味つけをぶち上げながら、シリーズ化、商品展開していくこととなります。

コロナの時代に入ると、外に出られず、人と直接会えない「ストレスの解消」というベネフィットは一気に顕在化していくことになるのです。

部署を飛び越えた「変化対応会議」

2017年に出した「プライドポテト」、2018年の「じゃがいも心地」、2019年の「ストロング」と狙い通りにターキーをとったことで変わったのは、何も社内の空気だけではありませんでした。

流通側がそれを評価してくれて、年間契約を結びたい、棚を任せたいと好条件を提示してくれるようになったのです。

その後も3つの主力商品に加えて、「カラムーチョ」の大リニューアルや、「The素材のご馳走」など毎年なんらかのインパクトある新商品を継続的に出しつづけているから、流通側も湖池屋をサポートしようと思ってくれるわけです。

もちろん、常にこれだけの商品を、その魅力を失うことなく販売しつづけることは容易ではありません。

その陰には、2017年より始めた「変化対応会議」という名の、部署を飛び越えた横断的なミーティングの存在があり、それが徐々に効果を出してきていたのです。「プライドポテト」は発売してすぐに予想を超えて爆発的に売れてしまったため、各部署でどう対応し、いかにすばやく需要に応えていくかを検討する必要がありました。それ以来、マーケティング、生産、営業の3部門が毎週集まって会議を行う仕組みをつくったのです。

これにより、たとえば、売上げが落ちたときに、あるいは落ちる兆候が見えたときに、すぐに原因追究ができるようになった。たとえば、落ち込みの原因が季節的な要因だとわかれば、それなりの手を打ち、部署ごとに即座に対応できるわけです。

変化は起こすべきだし、変化が起きたときに気づくべきだし、その変化をうまく回しつづけていくことこそ大事だということで、この変化対応会議はずっとつづけられているのですが、これが会社の風土までも変えていくこととなります。

この「プライドポテト」の販売危機のときにできた変化対応会議は、この後、社内の各部署のトップが全員出る会議へと発展していくのです。

この会議ができる前は、各部署が勝手に状況を判断、解釈し、それぞれがバラバラに言い訳をしているような状況でした。自分のせいではない、自分以外の誰かが悪いからこうなったとめいめいが言っている、そして、上には「いまはもう手を打っているので大丈夫です」といういい報告しか上げない、といった具合に。

私が湖池屋に入ったときに感じたのは、そこでは実に表層的なやりとりしかなく、なかなか本質が明らかにされないということでした。中間管理職は上の顔色しか見ておらず、部下がそんな上司を疑っているという最悪の状態でした。

現在の定例会議は、マーケティング、生産、営業に加え、調達、物流、経理などから1人か2人集まるので、だいたい15〜16人の会議になるのですが、ここで社内の情報はすべてオープンにされる。知らなければならない情報は各部署のトップ全員で毎週共有するようにしたのです。

私が考えていることも、ここですべて明らかにし、伝えます。社内に伏魔殿のようなものをつくりたくないという思いもありました。

この会議を立ち上げたことで、社内の風通しは信じられないぐらいよくなったと思っています。

メガヒットが出にくい時代

さて、「プライドポテト」を発売してから丸6年がすぎて、見えてきたこと、わかってきたことがあります。それは、その後の「プライドポテト」の商品展開にダイレクトに表れています。

発売当初、「秘伝濃厚のり塩」「松茸香る極みだし塩」「魅惑の炙り和牛」の3種を出したわけですが、この中で、ぶれることなく売れつづけたのは、やはり、伝統の「のり塩」でした。

「松茸香る極みだし塩」は、松茸そのものを使えないということもあって、だんだんと売上げが鈍っていきました。

「魅惑の炙り和牛」はそこそこの数字でしたが、やはり、時間の経過とともにゆるやかに落ちてきていた。

その後は、定番になるものを探しつづけるわけですが、試行錯誤を続けた結果、新たな定番として生まれたのがじゃがいもとの相性のよい岩塩でした。これが徐々に浸透し、定着してきています。

商品企画に携わってみて、だんだんわかってきたのは、お客様が望んでいることのひとつは、じゃがいもの旨さを味わいたい、ということでした。

ただ、圧倒的定番はもちろん大事なのですが、湖池屋としては、付加価値戦略をずっと続けています。「プライドポテト」「じゃがいも心地」「ストロング」それぞれで、少量でも美味しいものを出して熱烈なファンをつかんでいくということを常にやりつづけています。たとえば、お酒のつまみにもなる「プライドポテト 通の黒胡椒」。それから、「プライドポテト 芋まるごと食塩不使用」を食べつづけてくださっているコアなユーザーも存在します。出汁《だし》だけで味つけした健康志向を意識した商品です。それは、「味な湖池屋」ならではの戦法です。

いかにヒット商品を出し、どう顧客をつかんでいくか、実に難しい時代に突入しています。どこの企業も頭を痛めているところです。

それはたとえば、世の中がかつてのようにテレビ一辺倒でなくなっている、ということからもわかります。テレビを見ない若い人も増えています。いろいろなメディアが群雄割拠し、多様化し、自分が聞きたいもの、見たいものだけを見る。かつてのような圧倒的番組もなくなり、あるいは、歌謡曲一曲が世の中を席巻する時代ではなくなって久しい。それは、もはやどの分野でも同じような傾向にあるわけです。

大ヒット、王道、主力、といったメガが出にくい時代なのです。

ロングセラーブランドでありつづけることは課題ですが、それを克服することがますます困難になってきている。そしてそのことに対する解答は、誰も持っていないのです。

人口減少の続く日本において、わかっているのは熱烈なファンと長く付き合っていくというLTV（生涯顧客価値）という考え方がより重要になるということのみです。

リニューアルのセオリーとは

そして第4弾として手をつけたのは、1984年に発売し、大ヒットしていた「カラムーチョ」のリニューアルでした。

「カラムーチョ」は、湖池屋を長年支えてきた主力中の主力商品です。

しかし、発売からすでに35年余りが経ち、後発のスナック群が次々と登場するうちに、その存在が色褪《あ》せてきていることも事実でした。ただ一方で、味自体は、ブレることなく高い評価を受けていたので、ここをいじる必要性は感じられなかった。

そこで、私がとった一手は、パッケージだけを変えて、味には一切手をつけない、という方法でした。

私が湖池屋に来たときの「カラムーチョ」のパッケージは、どこか昭和の匂いがして、古い湖池屋のイメージをひきずっている感じがした。理屈でなく、直感的にデザインが古い、と思ったのです。

だから、新生・湖池屋のデザインはもっと格好良くしたいと思って、変えたのです。

ブランドのリニューアルは、ブランドを磨きつづけ、マネージメントしていく上で欠かせない作業です。商品をいかに今日化、現代化できるかを計りながら、どうやって磨き上げていくかはブランドにとって生命線。これはもうマーケティングの大セオリーなのです。

ただ、その変え方や、変える程度は、そのブランドマネージャーのセンスということになってくる。

お客様が変えてほしくないと思っているところは絶対にいじらない。変えてほしいと思っているところを読みながら、ああかな、こうかなとアジャストしていって、その中で最大限に変える。

変えるべきところは変えるけれど、「カラムーチョ」で味には手を出さなかったように、肝の部分は変わっていないということが大事なのです。

それが、今日化するということなのです。

「カラムーチョ」でいえば、私は、パッケージの中でもとりわけロゴが古くさいなと思っていた。さらには、火がメラメラと燃えているようなデザインも気になっていた。本来、ロゴは変えてはいけないというのもセオリーなのですが、私は、そこに手を突っ込んだのです。

湖池屋の知覚品質が変わった

その結果、売上げはどう変化したか。

なんと、毎年、20%の伸びを示したのです。1年で2割アップですから、3年では1・5倍以上伸びたことになります。

しかもただ、パッケージデザインを変えただけです。

これは一体、何を意味するのでしょうか。

新商品を次々と投入し、第3弾まで連続してヒットを出してきたことで、おそらく湖池屋の知覚品質が変わっていたのです。

3つの新たな主力商品によって市場で受け止められるブランドイメージが一変したのです。

湖池屋という文字、あるいはCIを見ると、ああ、あの高品質な商品を出している会社、あるいは、おしゃれな会社とイメージされる。湖池屋の印象が変わったことで、「カラムーチョ」という商品への見方も変わったのです。

実のところ、「カラムーチョ」に関しては、パッケージのリニューアルだけでここまで売上げが変わるとは予想していなかったので、私自身も驚きました。企業のブランディングに成功すると、そうした思わぬ波及効果が生まれるということを改めて実感しました。

企業がとにかく大事にしなければならないのは、ブランドです。ブランドは、恐ろしくお金を生んでくれたりもしますが、磨き方を間違えれば、逆に錆《さ》びてしまったりする。

つまり、ブランドというものは、生き物なのです。

お鮨屋さんでも、その街の人々から常に「あの鮨屋いいね」と言われつづけないとやはり先細りになっていきます。近くに回転寿司屋ができて、「あっちのほうが安いし、早いし」なんて言われて人が店に来なくなってしまうのは、ブランドを磨いていない証拠です。

常連客には、新子の季節に新子を出し、鮎の季節には鮎を焼いてそっと出す。仕入れの手を抜かない。あるいは、見えないところできっちりと仕込みをしている。小鯛にはスダチで風味付けをし、シャリは赤酢……など、鮨屋としてのこだわりも表現している。それがブランドを磨きつづけるということなのです。

いま、どんなカルチャーがポップか

では、ブランドを磨く力を生む源泉は何か。

私は、それは、カルチャーだと思っています。

カルチャーからモノを生み出せるマーケターは本物である——。

これが私のマーケター生活40年の中で得た真理です。

街に出て、どんなカルチャーがポップであるかを感じること、どんなカルチャーが熱狂的であるかを見ること。

いまはDJなのか、いや絵画なのか、いや新規のフーズなのか、と常に探しに行って、これだ！と思ったら、私は会社でみんなに丸ごと投げつけてみる。

街に何かの行列ができていれば、何が人を引きつけているかを見る。いいお皿があれば、買ってきてまた会社で見せる。

縄文土器の展覧会に行って興奮して、「岡本太郎、わかるよ、その気持ち！」なんて言って、会社に戻ってきて、「これをパッケージにしてみろ」などと言うと、みんなぽかーんとしたりしますが、とにかく、遠慮なく私がこれだと思ったカルチャーを持ち帰ってぶつけてみる。

そんな中でもとりわけ刺激を受け、どこかで潜在的に商品に落とし込んでいるとすれば、それは、焼き物かもしれません。私は、年に2、3回は金沢に行きますが、そのたびに山代温泉まで足を延ばし、九谷焼を見て回ります。

九谷焼は、色絵陶磁器で、「上絵付け」と呼ばれる絵柄に特徴がある。赤、黄、緑、紫、紺青の九谷五彩という色彩効果が素晴らしいのです。

そして、魯山人《ろさんじん》と一緒にろくろを並べて回した須田菁華《せいか》という作家の作品を毎年1枚か2枚買って帰ります。

九谷だけでなく、信楽《しがらき》、萩、有田、伊万里、薩摩、読谷《よみたん》と地方に行くたびに焼き物の里を見て歩く。この器たちを見て愛でることがものすごく商品開発には役に立っています。

器を穴があくほど眺めているとだんだん気持ちが無邪気に、何か人の原点のような場所へと還っていく。その無邪気さもまた、カルチャーから得られる大いなる刺激だと私は受け止めています。

商品パッケージは入れ物です。どういう入れ物に入れたらそれが美味しそうに見えるか、それを考える上で、器の文化はすごく有益で、私にとっては指針なのです。

ティニ・ミウラさんのこと

カルチャーへの興味のきっかけをつくってくれたのは、ひとりのドイツ人女性でした。

中学一年のときから母は私に英語の家庭教師をつけてくれました。日本人と結婚したドイツ人女性のティニ・ミウラさんという方で、カルチャーの面白さ、大切さ、深さを学んだのは、この先生からでした。

ティニ先生は、美術大学教授の父と作曲家ブラームス家系の母の間に生まれた装幀装飾の第一人者でした。ドイツの美術学校を卒業後、パリのエコール・エスティエンヌ美術大学で美術と装幀芸術を学んだ方です。

私がお会いした頃には、すでに製本製幀家の最高の名誉とされるノーベル賞賞状の制作をしていて、朝永振一郎や川端康成の賞状を制作したのも彼女です。

ほかにも王室の公式文書、動植物の図鑑をはじめ、各国の美術館、博物館、大学図書館の私蔵本、蒐集家の愛蔵本などを多数制作していましたが、そんな先生から感受性の塊のような中学生が受けた影響は絶大でした。

この先生から、英語で、

「アキラ、どう思う?」

ことあるごとに訊かれていました。

彼女は、神秘思想家で哲学者、教育者のルドルフ・シュタイナーに影響を受けていたので、私は神智学という自然哲学を特にたたき込まれた。人がいかに自然から多大な影響を受けているか。それを英語で学んだのです。

思想や文化の深遠をそこで知ることとなり、中学生の私にとっては、その後の人生を変えるぐらいの濃密な2年半を過ごすことになります。

カルチャーへの関心がいまなお衰えないのは、この2年半があったからだと思っています。


大学時代は、バスケットボールの同好会に入り、副幹事長を務めます。ただ、その一方で、2年生のときには、ミニコミ誌の創刊に携わることになります。

70年代の終わりから80年代にかけては雑誌の時代で、大手出版社から次々と勢いのある雑誌が創刊されていて、学内でもミニコミ誌をつくる気運が高まっていた。

私が参加したのは、「マイルストーン」というどちらかというと硬派な雑誌で、文芸、政治、カルチャーなど雑多な内容をめいめいが勝手に書くといった印象のミニコミ誌でした。

ところが、その後、この「マイルストーン」は、当時からやっていたサークル紹介を特化させた特別号を毎年発行し始め、早稲田の学生であれば知らぬ人はいないといううぐらいの雑誌に育っていきます。いまでは、社団法人になり、発行部数も2万部を超えているということです。

バスケットボールに打ち込みつつも、「マイルストーン」に入ったのは、やはり私の中で、スポーツだけでなく、カルチャーからも刺激を受けていたいという思いがあったからだったと思います。

創刊号では、芥川賞作家の三田誠広さんへのインタビューをしたり、私自身が表紙のイラストを描いた号もありました。

そういう場に身を置いてカルチャーに触れていたいと思ったのもやはり、ティニ先生の薫陶あればこそだったのでしょう。

カルチャーなしにマーケターは成り立たない

カルチャーを自分の中に取り入れて、熟成させ、ある時期が来たら吐き出す。これもまた、私の大好きな鮨に似ているのかもしれません。

アオリイカが入ってきたら、よし、これをきちんと処理して寝かせてあいつに食わせてやろう、あの常連さんが旨いというのを見てみたい、となるのと同じで、これを商品化したらお客様が喜ぶな、と思うわけです。

でも、そのためにはまだ何かが足りないなと思えば、街に出ていくわけです。他のスケジュールを断ってでも。

新宿、渋谷、吉祥寺、銀座、人形町、横浜、あるいは横須賀にまで足を延ばすこともあります。たったいま求めているもの、これからつくる商品に合わせて、街をさまようのです。

古レコード屋さんに行って、尾崎紀世彦がある、かぐや姫、井上陽水、コルトレーンもいいかな、今日はフュージョンか、いやロックだなとジャケットを眺め、音楽に思いを馳せる。あるいは、レコード店ではいまヘッドフォンで自由に聴けるので、アットランダムに片っ端から新しい音楽を聴いていったりする。インディアンの音楽を聴き、ブルガリアンや日本の民族音楽を聴く、という日もあります。

古着屋にもよく行きます。ビンテージの色あせたジーンズ、これだと思ったデザインのTシャツを買ったりします。

もちろん、美術館は必ず訪れる大切な場所のひとつです。

忙しい中でも、カルチャーは、自分のアイデンティティなので、絶対にないがしろにはしないし、身体の中にそういうものを求めるDNAが埋め込まれていて、もう自然に足が向いてしまうのです。

カルチャーなしにマーケターは成り立たないというのが私の実感なのです。

第5章
ナンバー2だからこその挑戦

マーケターは鮨に学べ

私が一番好きな食べ物は、鮨です。

日本で一番偉大なものは鮨である、というぐらいに思っています。

鮨の話をし始めたら止まらない、という鮨フリークです。

日本の鮨には、ありとあらゆる真似すべきベースメントが詰まっています。

鮨は、旬を大切にします。季節の移り変わりとともにネタが変わっていく楽しみがなんといっても魅力的です。鮮度も大事です。

また、生、しめる、煮る、焼く、蒸す、熟成させるといった、さまざまな調理方法を駆使するのも大きな特徴です。これをほぼ酢と塩だけでやってのける。

職人が仕事をすることで素材を何倍、何十倍と旨く磨き上げていくのが鮨なのです。

日本人は外国人から鮨について褒められると絶対に悪い気はしません。ただ、残念なことに鮨はカンパニー化していなくて（できなくて）、すべて個人のあるいは日本全体の文化なので、この文化を絶やさないという意識を全員で持たないとならない。企業がこれをハンドリングしていこうとすると、回転寿司やチェーン店になってしまうから、私の思う鮨とは少し異なるのです。

そんな潮流も手伝ってか、残念なことに、町場のお鮨屋さんが減っています。家族経営の、あるいは数人の職人が握っているような街の鮨屋さんはだんだん見かけなくなってきている。

近くに回転寿司やチェーン店ができると、どうしても客足はそちらへと向いてしまうのでしょう。いい鮨屋、蕎麦屋が街から消えつつあるというのが、私の肌感覚です。

それは、キリン時代に見てきた酒屋さんの減り方とも似ている。ピーク時に全国で14万店ぐらいあった酒屋さんは、コンビニの登場で、いまやもう数万店しか残っていません。

酒税法という制度とともに日本の文化がなくなっていったとも言えます。回転寿司やチェーン店によって駆逐されていく個人経営の鮨屋とどうしても重なってしまいます。

長いものに巻かれていくのは世の常なのでしょうが、それによって均一化が進み、個性がなくなっていく現象は、やはり寂しい。

情熱や流行をめぐるスピードは一層速くなり、均一化、単一化、寡占化が進んでいくようにも思えてきます。

お客様に役立つ会社は、日本式経営から生まれる

一方、経営に目を移せば、日本のやり方、マーケティングは、欧米流のコンサルティング会社に一見押されているように見えますが、逆に、日本型の経営がこれからは通用していくのではないかと私は思っています。

均一化、単一化にはどこかで歯止めがかかり、長いものに巻かれずに、独自の経営戦略を立てていくことがこれからは大事になってくるのではないか、と。

大資本コンサルタントが主導するスタイルではなく、小回りがきいて、お客様との対話型、ツーウェイ型の経営のほうが実は強靭《きょうじん》なのではないか。私はそう思っています。

中小企業の延長線上にあるようでも、お客様に役立つ会社というのは、日本式経営の中からこそ生まれると思いますし、そうあるべきだと願っています。

全国画一のマスマーケティングをする欧米流のマーケターたちが日本を単一基調のつまらない市場にしつつあることへの対抗心が私の中では消えないのです。

日本型のもっと個性的でユニークな市場のほうが活性化するはずだ、頑張れ日本のマーケター、というのが私のいまの思いなのです。

プロダクト（商品）、プロモーション（販促）、プライス（価格）、プレイス（流通）の4P。企業は何のためにあるのか。原点に戻れ、みたいなことを言われますが、企業の根本は変わらない。

マイケル・ポーターも、フィリップ・コトラーも、ジャック・トラウトも、そしてピーター・ドラッカーも、言葉こそ違えど、皆同じようなことを言っています。

それは、規模の大小を問わず、クリティカル・コアを見定めて、マーケティングを超えた企業のブランディングをしていくことが大事だということです。

そのためには、コンサルタントに頼るのでなく、日本人自らが打ち手を考えていくという習慣、スタイルを持っていないと、と思うのです。

もちろん、MBA（Master of Business Administration）のような欧米の理論には良い点もあります。でもやっぱり、日本人には家族的な和の経営のほうが強みを出せるのではないか。世界と戦うには、実は日本人的な横のつながりでぶつかっていったほうが、勝機があるのではないか。そのように私は思っています。

企業が壁にぶち当たる理由

企業はときどき、広告や内容表示をめぐって問題を起こします。マーケターとしては、それは一番犯してはいけないことです。どう売り出し、話題づくりを仕掛け、噂のピーク、ティッピングポイントをつくって商品の売りにむすびつけるかというプロモーションが行き過ぎた結果、起きる側面でもあるでしょう。

早く成果を出さなければならないという焦燥から不正が生まれ、その次にはそれを隠蔽《いんぺい》しようという力が働く。その小さな綻《ほころ》びがやがてとんでもない大事故や大事件を引き起こすトリガーとなるわけです。

上場企業は、1年に4回、予算と実績を示し、投資家やアナリストに見込みとその実現の成果を見せなければなりません。

企業の経営者も目に見える形で結果を出さなければいけないので、どうしても短期で無理をする。2年先、3年先、ましてや10年先なんてことを絵空事で語っている場合じゃない、という現状があるのです。

だからこそ、最低限、この会社はどういう方向に進んでいきたいのかを明確にしておかないとダッチロールに陥る可能性があるわけです。

そして、気がつけば、経営者がコロコロ変わり、耐えきれなくなって、いろいろなものに手を出し、何をやっているかわからなくなってしまうという事態に陥っている。

何が正解かを言うのは難しいですが、私は、日本企業が欧米流のコンサルティング会社に頼る経営になって失敗するという事例を数多く見てきました。共通のひな形に当てはめて舵取りする、あるいは問題解決にあたろうとすれば、壁にぶち当たるのは当たり前なのです。

「逆目」のすすめ

私が最近の新商品に対して感じるのは、「順目」にいきすぎているということです。セオリーに倣《なら》えば、「順目」ということになるのでしょうが、そこには新味がないような気がするのです。

マーケティングの方程式が行き渡り、誰もが同じように解析し、同じベクトルに向かって進んでいく。一見正しい道を歩んでいるようにも思えますが、その結果、似たような商品が市場にあふれ出てくるわけです。

しかし、お客様に対して驚きと発見、感動をもたらさないことには、市場は動きません。

どこかに「新味」は必要だし、ときに「逆目」も大きな効果をもたらすのです。

そんな新商品を生み出す力は、やはり自身の世界観であったり、アンテナということになってきます。

クリエイターたちが重用されるのは、彼らが独自の世界観や目線、感覚を持っているからであり、世の中のうねりを肌で感じとっているからです。クリエイターが提示する「仮説」は、やはり刺激的だし、新しい方向性を暗示している。私自身、彼らから学んだことははかりしれません。

そして、そういう中から生まれ出てきた新商品は、世の中をハッピーにするし、面白くするのです。

第1弾で挑んだ「プライドポテト」も価格の点で見ても、デフレが進む世の中に対して「逆目」の商品だったと思います。

そんな新商品が簡単に生まれないことは重々知っていますが、常に価格に見合う価値創造をめざす姿勢は忘れてはいけない、と自戒を込めて思うわけです。

ソニーのウォークマン、日清食品のカップヌードルなど、日本企業が世界をあっと言わせるダイナミズムにあふれた新商品をつくりつづけてきたように、私たちマーケターは、その荒野をめざさなければならないのです。

いまから15年以上前に『反経営学の経営』（片平秀貴ほか）という本が刊行されています。

働く幸せを軸とする仕組みを企業経営の中に織り込むことや日本固有の精神文化・風土を尊ぶことなどが書かれていて、当時としては新鮮で、とても面白かった。

「経営のソフィスティケートされた学問は、もちろん間違っていない。けれども、日本が古くからやってきた井戸端会議、和の経営もまた真である。毎日綺麗に掃除をするとかいうことを含めて、日本人が大事にしてきたことをうまく西洋の合理性にかけ合わせていく。心の美しさを西洋の合理性にかけ算していく」といったような話です。

それは、いまでも私の思想と近いものもあって、指針になっています。

西洋がコンテンツだとすれば、東洋はコンテクストなのです。東洋では流れが大切にされる。天と地、風と大地、輪廻《りんね》といった東洋思想を私はうまく取り入れていきたいと思っています。

それは、先に述べた六角形のマークに込めた思いでもあります。

常に自分の中では、日本のあり様というのが、テーマとして消えないのです。

世界一高級なじゃがいも

日本固有の精神、和の経営を大切にすることとは対極になりますが、見知らぬフィールドへと踏み込む好奇心と難しい問題へと向かっていく心意気。これからはそういう新しい世界を探求する力がますます求められていく時代だと思います。

私自身、いまもそんな心を失っていないつもりですし、未知の興味あるものに対しては前のめりになって突き進んでしまいます。

たとえば、じゃがいもの成り立ちを調べていくうちに、海外のとある島へと行き着いた。そうなるともうその島のことで頭はいっぱいになり、ついには現地に足を運ぶという事態にまでなってしまうわけです。

最初のきっかけは、世界で一番美味しいじゃがいもは何かなと思ってネットで調べ出したことでした。

調べていくうちにわかってきたのは、ある小さな島でつくられているじゃがいもが希少で抜群に美味しいということでした。

世界的に有名な百貨店ではなんと1キロ7万円で売られることもある。それでも人々は争うようにこのじゃがいもを求め、すぐに売り切れてしまうということでした。キャビアや白トリュフと並ぶような、とんでもなく高級なじゃがいもがあったのです。

私は、いてもたってもいられなくなり、すぐにその小さな島に飛びました。

その島は、干潮時には海に道ができて、本土とつながります。観光客も多く訪れる風光明媚《ふうこうめいび》で素敵な島でした。天日塩もつくられていて、塩の専門店もあるような自然豊かな場所です。

そこでつくられるじゃがいもは、土に肥料として赤い海藻を混ぜているため、実に複雑で繊細な味がします。皮も薄くデリケートなので、手作業での掘り出しが必須。第二次大戦前にはほとんど消えかけていたものを復活させ、品種として再び世に送り出した貴重なじゃがいもでした。

世界中でもこのじゃがいもを取り扱っているところはほとんどないのですが、この品種を使ってポテトチップスをつくってみたいとの思いから、社内でプロジェクトを立ちあげ、いまも着々と準備を進めています。

「中食」の可能性

こんなふうに私の触手は常に動いています。

湖池屋に来た当初、考えていたのは、スナックを食の代替にできないかということでした。

ポテトチップス以外の飯の代わりになるものをつくりたい、とずっと考えつづけて今日に至ります。

たとえば、鮨は江戸時代には屋台でつくり、素早く食べられる軽食、いわばスナックのようなものでした。軍艦巻きは、シャリの周りに海苔が巻いてあり、その上に具を載せる。今日そういうスナックがあってもいいわけです。

人間にとって食は根本だし、欠かせぬものだし、楽しみでもあるし、食の未来、未来食のようなジャンルは、私の中でずっと最大のテーマとしてあるわけです。

また、食糧危機がいつ訪れるかもしれません。災害も増えており、保存食の重要性も高まっています。

いま人間は、一日3食という食習慣に落ちついています。2食のときもあっただろうし、貯蓄の概念がない古《いにしえ》では、獲れたら食べるということだったのかもしれない。

現代の朝昼晩の3食を見てみると、家で食べる内食、外で食べる外食、そして、内食と外食の間に中食《なかしょく》があります。

中食というのは、おにぎりやコンビニ弁当、からあげに代表されるようなホットスナック、惣菜などのことで、実は、これがいま11兆円規模になっており、20兆円になる日もそう遠くないと言われています。

外食が現在26兆円をピークに減少しているところですから、中食の伸びは大変なものです。

中食の大元は、タイやベトナムなど東南アジアで見られる屋台文化です。人々は、朝から晩までこの屋台に買いに行き、そのまま外で食べたり、家に持ち帰ったり、朝飯や昼飯にしたりしている。

同様に、現代の日本の家庭も料理をしない傾向にあります。世界を見回しても、料理を家庭でつくるのは、日本と欧米の郊外の家だけでしたが、この地図もまた変わり始めています。

90兆円あった内食は、いまや70兆円にまで萎《しぼ》んでしまっている。家で米を炊いて食べるという習慣も薄れてきています。そして、残念ながらこれは不可逆的現象で、夕食に一家団欒で食事をするということはどうやら増えそうもないのです。

一方、外食は、戦後ほぼゼロから始まって26兆円まで伸びたものの、いまは18兆円に減少している。中食の状況によっては、チェーン店が衰退し、この先まだ減る可能性もある。

そんな中、志があり、食べて旨いという要素がきちんとあれば、中食の領域はまだ伸びると私は見ています。

そんな状況だからこそ、湖池屋もちょこっと食べる料理の分野には関心を持ち、ドメインとして取り組みたいと思っているのです。

そして、現代において、スナックといえども絶対に意識しなければならないのが健康です。成人病や生活習慣病に対するフードテックは進んでいくだろうと私は見ていましたが、流れは実際そうなりつつあります。

これは私にとって、キリン時代からの大きなテーマでした。

湖池屋としても、飲み物より食べ物のほうが取り組みやすいという思いがあり、これからどんどんチャレンジしていきたい分野なのです。

あるいは、災害大国である日本においては被災時に役立つスナックがあればいいと考え、5年保存できるポテトチップス「KOIKEYA LONG LIFE SNA

ＣＫ」（オンライン等で販売）をつくったりもしています。もちろん、これは完成形ではなく、自分の引き出しには常に入っているテーマです。

いずれにしても、伸びゆく中食のリードオフマンになるつもりで取り組んでいます。

地域の特産品との連携

ほかに私がずっと挑みつづけている取り組みは、地方の食との連携です。

地域の特産品を取り入れては商品化し、日本全国、あるいは世界へと伝えていく。地方の特産品の知名度が上がって、ものが売れるというのはすごく大事なことで、これをビジネスモデルにできるのではないかといろいろな地域の人々と連携して商品化しているのです。「プライドポテト　ジャパン」として一袋１円の寄付もしています。

それこそ日本全国を行脚して、県知事や市長とも直接会い、小豆島のオリーブ、金沢の甘えび、神戸ビーフなど次々と商品化してきました。

もちろん、期間限定、地域限定のものもあるのですが、そうやっていくうちに、いろいろな地方から声をかけていただけるようになる。穴子でポテトチップスをつくれないか、鮎はどうか、カニでできないかという具合に、どんどん広がっていくのです。

地方の特産品を取り入れたポテトチップスはいわば高品質型商品ですが、本物を好むお客様はそれを求め始めている。これも挑戦がつかんだ結果だと思っています。

そうやって、日本の横の連携を広げては、さらに深めていき、世界に負けない純日本流のマーケティングを強めていきたい。いわばそれが裏テーマです。

欧米流のマーケターによって日本のトップ企業が次々と侵食されている状況を私は黙って見ていられない。単一化、パワーマーケティングとは違う、日本の良さを残しつつ、世界へと発信していく。これがやはり私に課せられたやるべき仕事だと思っています。

プレミアム市場という新ジャンル

こうした独自の挑戦を続けてきた結果、ライバル社とはまったく違う、新しい時代の新しいリーダーという立場がだんだん明確化してきています。

トップを追いかける2番手ではなく、意味あるチャレンジ、本質だけを追究するという姿勢を続けてきたことで、独自の地位を築いていたとも言えると思います。

150円で売っていた湖池屋の牙城に「100円で」というコマーシャルを打ち、安売り戦略で挑んできたライバル社。いかに原料を集めて、大量につくって売るかというコストリダクション戦略を貫いて湖池屋に勝ってきた。それが彼らのマーケティングにおける勝利の方程式だったわけです。

私が湖池屋にやってきたとき、平均売価のグラフを見て、愕然としたのを覚えています。ずっと下がりつづけていたのです。しかし、それは、トップの企業もまた危機感を持たなければならない状況でした。

まして2位の企業にとってはさらに大きな危機。けれどもそれは、業界の盟主がやってはいけないことでもあり、であるならば、チャレンジャーである湖池屋がやってしまえ、と大改革をし、プレミアム市場という新しいジャンルをつくってしまったわけです。

繰り返しますが、湖池屋は、日本のポテトチップスの元祖です。日本人による日本人の口に合ったポテトチップスを初めて出した企業です。

そして、ずっと100%国産のじゃがいもを使い、皮と実の間にある旨味をできるかぎり残すという技術を追究し、とにかく創業以来ひたすら旨いじゃがいもとは何かを問うては、美味しいポテトチップスを届けるためだけに腐心してきた企業なのです。

この領域に簡単に他の会社は入ってくることはできません。

国産のじゃがいもだからこそ、皮と実の間に旨味が残っている、ということをお伝えし、その魂の部分は絶対に譲らず、私たち湖池屋こそが元祖だと胸を張って言いつづける。

こうした思いはいったいどうお客様に届くのか。

それは、すでに数字で表れ始めています。

湖池屋の挑戦は続きます。

競合は何もライバル社だけではありません。デパ地下、お惣菜屋、コンビニ弁当、コンビニのホットスナックとそのすべてが垣根を越えて競合なのです。

逆に言えば、ライバル社とのつばぜり合いをしている場合ではなく、戦う相手はもっと広範囲で、思いもしないジャンルの食品かもしれません。

湖池屋という暖簾を掲げつつ、多方面へ仕掛けていくため、いま着々と滑走路を整えているところです。

第6章

スナックで日本を元気にしたい

学生が湖池屋を志望する理由

新商品がヒットし、社員ひとりひとりの活躍の場が増え、社内の風通しがよくなったのは、前述のとおりですが、もうひとつ大きく変わったことがあります。

リクルーティングの環境が以前とはまったく異なる様相を呈してきたのです。

まず、わかりやすいところで、企業イメージが急上昇し、2021年に発表された「ブランド・ジャパン2022」で、なんと14位につけた。食品会社では日清食品、サントリーという大会社に続いて3番目です。規模の違う湖池屋が前年の110位から急上昇したのです。

当然、学生たちの間でも、湖池屋に抱くイメージが大きく変化してきています。

学生たちが湖池屋を志望してくる動機は、主に次の3つです。

1番目は、若いときから裁量権を与えてくれて、なんでもやらせてくれそうであるということ。

2番目は、業界2番手だからこそいろいろなことに挑戦できそうなチャレンジングな会社であること。

3番目は、お菓子が好きであること。またそれによって、人を笑顔にできるユニークな会社であること。


現代の若者は、「会社の規模なんて気にしません」と淡々と言う。しかも、権限を与えれば、実際1、2年目から成果を出す人もいます。思いのほかしっかりしている。

採用にあたっては、会話がちゃんと壁打ちになって返ってくる人が前提になります。一言言えば返ってきて、返ってきたことを受け返すと、また跳ね返ってくるというスパイラルアップしていく人を探している。

人の言葉を受け止める力、聞く力はいま改めて大切になっていると思います。

入社5年目にして課長になった人もいます。そのスピードは相当早くなっている。これも風通しがよくなった成果です。

ティール組織（生命体のように個々人が使命を感じながら意思決定し、自由に動く次世代型の組織）と言われるように、自発的にチームをつくって、人を集めて動いていく。その自由闊達さが社内で自然に生まれ出したことは大きいと思います。

めざすべきゴールを設定し共有すれば、自由にフィールドを走り回り、ゴールに辿り着く組織が理想です。

すぐに起業する若者もいまは少なくありませんが、まずは企業に入って、学びながら自分で実力をつけていく時代に入っていると私は思う。信じられる先輩をつかまえて、やり方を吸収し、それを自分なりに応用してやっていく。仲間たちと意見をぶつけながら商品を開発していく。

互いに切磋琢磨しながら成長できる環境は大切なのです。

私は、そういういい場を、そういう空気をこれからも社内につくっていきたいと思っています。

湖池屋では「マーケティング専任」はつくらない

私は、経営と社員の自己実現が結びつくことはさほど難しいとは考えていません。

可能だと思っています。

現代は、社員や顧客が一緒になって、社会の課題を解決していく企業が生き残る時代です。自分のやりたいことが会社のやりたいことである、という組織が求められている。社員が意欲的に取り組んだことが結果的に社会の課題を解決し、企業としての価値を高めていく。そういう方向に向かっていくのが企業経営の必然なのです。

社員が面白いと思ったものが商品化の過程で、利益を生む仕組みをともない、実現に向かって動いていく。それが理想ですし、私はそちらに舵を切っていきたいと思っています。

私は、この停滞した時代を切り拓くためには、若者が自分の力で自分の道をかきわけていってほしいと願っています。ただ、古くさいかもしれないけれど、「若いときの苦労は買ってでもしろ」というのは、一面真実だと思っています。

近年、入社してきた人に配属希望をとると、マーケティング、つまり商品開発をあげる人が多くなっている。どうしてもものづくりに興味・関心が集まりがちなのです。

ただ、私は、地味な営業職の体験を若いうちにあえてしてほしいとも思う。私自身、新商品を開発するぞと意気込んでビール会社に入ったものの、営業に配属されて腐っていた人間です。しかし、のちに営業を経験させてもらったことに心より感謝することになるのです。

営業をやっていると、先方とこちらの思惑は簡単には合致しない場面にたびたび出くわします。そんな中で、価格や量の多寡《たか》はもちろん、時期や方法など、相手の希望とこちらのお願いをすり合わせていきながら、先方の顔色を読みつつ着地点をみつけていくわけです。

そして、先方と自分の間に入ってくれる人がいて、その人もよければ、「三方よし」ということで商売はうまくいく。そんな基本的なことを経験してほしい。そうした人間関係、あるいは商習慣から学ぶことは実に多いのです。

生産、営業、マーケティングとメーカーの業務は多岐にわたります。

私は、マーケティング業務の技量があるだけでは、これからの時代に「貴重なスペック」を生むマーケターにはなれないと考えます。

私は、未来のマーケターには、できるだけ多岐にわたる職種についてもらいたいと思っています。

私が湖池屋に入社したときにマーケティング部長だった人にはサプライチェーン・

マネージメント部長を任せましたし、地方で活躍したセールス担当者がマーケティング部に加わることもあります。若手には10年で3部署を経験してほしいと言っています。

「マーケティング専任」はつくらない。これが私の方針です。

さまざまな職種を若いときに経験しておくことは、必ずそのあと役に立ちます。プロデューサー的な立場になったときには特に。それまでにいろいろな自分をつくっておいて、スパイラルアップしていくことがいかに人間を大きくするか。これは私の偽らざる実感なのです。

新生・湖池屋では、何もないところ（＝ゼロ）から社会の変化や市場の動向を読み解き、お客様の心情に寄り添ってインサイトを探ってモノづくり（＝ワン）を実現していく「ゼロワン人材」を求めています。

管理職の仕事は結節点

いま、湖池屋では、「プライドポテト」の成功の効果がさまざまな形で出始めています。

商品や企業のリブランディングによって巻き起こった社員と会社の進化です。

3年、4年、5年、6年と年を経るごとにそれを実感しています。

どこの部署でも、自発的に動くということが当たり前になってきました。リクルーティングによってイキのいい新しい仲間も続々と入ってきています。彼らの活躍度合いと成長スピードは著しく、あと数年で新生・湖池屋の骨格ができあがると私は見ています。

自発的に動ける組織になるために、管理せず、ときには個々に任せるということもやっています。管理職のスタイルも変わり始めています。

管理職の仕事は結節点です。人と人が結び合う場所にいて、話を聞き、承諾し、ゴールを共有する役割。そういう立場であることを意識し、任せるところは任せるのです。

とにかく、社員ひとりひとりが自由闊達に自分の頭で考えて、自分で行動していく。これを上司が邪魔をしない、というのが組織の活性化につながっていきます。

逆にダメなのは、怒られるかもしれないと萎縮する人、他人に関心を向けようとしない人、判断を避けて認めてしまう人。これは上司・部下に関係なく、改め直していかないと組織は崩れます。

湖池屋が求めるのは、とにかくイノベーションを起こす人材なのです。

イノベーションは発明というだけではなくて、誰かと誰かの知恵を合わせることでもあります。

そして、知恵と知恵が、あるいは人と発想が違えば違うほど、遠ければ遠いほどイノベーションの度合いは増すことが多い。

たとえば、湖池屋×日清食品グループ、若者×シニア、マーケター×クリエイター、営業部×製造部、私×パート従業員など、なんでもいいのですが、そんな異質なものとのかけ合わせから新しいものは生まれ落ちるものなのです。

ブランドのマネージメント

社内のコミュニケーション能力をいかに上げていくか。いかにスムーズな伝達を可能にするか。これは、社内改革が進んできても、常に課題です。気を緩めると、またすぐに詰まってしまいます。

たとえば、つい最近もこんなことがありました。

ある商品のリニューアルを進めていたのですが、発売直前のパッケージを見た瞬間に、あ、これはダメだなと感じるデザインでした。

私が、すぐに「変えろ」と言ったところ、「もう間に合いません」と返ってきた。もう商品の発売日も決まっていて、変更できないというわけです。ああ、これは失敗したな、と思いました。

「これが最終デザインです」と事前に見せてくれれば、「これじゃダメだ。すぐに直せ」となるわけですが、若い社内デザイナーには自信もあったのでしょう。

しかし、印象としては、どこか絵空事で綺麗すぎた。パッケージとしては、押しが弱かったのです。紙の段階で平面的にデザインされたものと、実際に店頭に置いた立体的な商品とは大きな開きがあります。その隔たりが明確に見えたのです。

このケースは、最終デザインができたときの報告を怠ったことで発生した〝事故〟でした。

リカバリーができる時期であれば、策は講じられます。傷が浅いうちは直しようがあるのです。

たとえば、ある商品が2、3年はよかったけれど、急にダメになったとすると、そこには必ず原因があるはずなのです。

その本質的な要因は何なのか、とにかくみんなでディスカッションさせる。失敗の、あるいは滞りの、売上げ減少の理由をみんなで探る。

ときにはその商品のファンやユーザーにデプスインタビューをして、答えを探す。その中から、原因はこれじゃないかという仮説を導きだし、それに対して手を打っていく。その繰り返しがブランドのマネージメントです。そこの細やかなコミュニケーションを怠ると、事故は起きてしまうわけです。

料理に対するリスペクト

話は変わりますが、私の祖父の家業は割烹店を営んでおり、母が店を切り盛りしていました。そんな環境だったにもかかわらず、私は、あまり食べ物に興味がありませんでした。学生時代は、大人はなんでいつも食い物の話ばかりしているんだろう、と思っているような若者でした。

けれども、飲料メーカーに入り、食が身近になり、いざ美味しいものを食べ始めたら、食べ物がとんでもなく大事なものに思えてきた。美味しいものを食べれば食べるほど、食の大切さがわかってきたのです。

そして、食べ物は、カルチャーと結びついていると気づいてからは、その深遠さにどんどんはまっていった。たとえば、じゃがいもひとつとっても、歴史があり、地政学があり、文化があり、と無限に広がっていく。そうなると私の好奇心は、もうあらゆる食べ物に向かっていくわけです。

「湖池屋には料理人がいる」というのを湖池屋の憲法のひとつにしたのは、そんな料理に対するリスペクトもあったからです。

じゃがいもの選択、皮のむき方、味つけ、揚げ具合。湖池屋の料理人がすべての味を決めていく。

もちろん、私が料理人というわけではありませんが、ああしろ、こういう味にしろとはもちろん口をはさみますし、私の食の経験値から判断することは多々あります。食に関しては、それこそ大衆食堂から三ツ星のレストランに至るまで、もうありとあらゆるものを口にしてきましたから。

ただそれは、私の好みに持っていくというよりは、お客様の口に合うかどうかを考えて、イメージしていくという作業に近い。そこもまた、ひとつの経験の蓄積というところかもしれません。

塩気を抑えて、旨味、酸味、甘味で補填する

私は、これまで、多くの有名無名の料理人たちからいろいろなことを教わってきました。

たとえば、東京・関町「梁山泊《りょうざんぱく》」の八木京作さん。旭川から上京してきて、広東料理の名店「聘珍樓《へいちんろう》」で修業し、20歳で独立、店を出した料理人です。

彼が聘珍樓の厨房でいかほどのことを学んだかはわかりませんが、ほどなく「肉あんかけチャーハン」と「肉いときり焼きそば」、これにラーメンという3つのメニューだけで練馬で評判になり、まさに行列の絶えない店になっていったのです。家の近くにあったので、私は10代のときから通っていました。

その八木さん曰く、

「外食はインパクト。最初に来たときに味として感動してくれないと二度と来てくれない。だから、がつんと塩でやる。でも、しょっぱいから、その裏には、塩っぽく感じない旨味を合わせて、相当意識して塩を決めていく。シイタケとかホタテの旨味をぐじゅぐじゅにして、鶏ガラとか使いながら」

これはある意味、スナック菓子にも当てはまるセオリーでもあります。

ただ、これに関して言うと、私は、湖池屋に来た当初は、「湖池屋の商品はみんな味が濃すぎる、しょっぱい」と思っていました。「これが必要」とみんなが言うけれども、私は、「いまの人はそんなものにごまかされない。塩以外でつくってほしい。

塩を控えてほしい」と主張した。つまり、旨味、酸味、甘味による補塡です。

たとえばグレープフルーツジュースをつくったとします。そうすると、糖を3つに使い分けるのです。初めは、果糖でがつんとやり、砂糖、しょ糖と三段階の甘味で構成する。

この甘さの連続が旨いわけです。インパクトだけでもダメ、インパクトがなくてもダメ。それは先の八木さんの料理と同じです。

ただ、味覚はコンサバティブなものです。人は年齢とともにコンサバティブになっていきます。

たとえば、ワインのことを考えてみましょう。初めは白の甘口から入り、次はドライ。その後、赤に入っていって、軽いブルゴーニュ系からボルドー、サンジョベーゼと濃いほうへと進んでいく。究極的には貴腐ワインへと到達したりもする。

もちろん、この順番ではいかないにしても、人間の口は年とともに好みが変わっていく、成熟していくものなのです。

裏を返せば、若い人の舌のほうが未熟といえるでしょう。私が気づいたことをきっちり言っておかないと、若い人たちにしか売れないということもあり得るのです。

もちろん、若者だけに売れればいいじゃないかという考えもあるかもしれませんが、大型の定番商品ではそれは通用しません。

商品開発部にはいま30名を超える社員がいますが、そのうちの約半数が若手です。私が旨いと言って、若者が旨いと言えば、そのまま進みます。私が疑問を感じて、若者がいや、絶対に旨いんですと言ってきたときは、注文を出して気になるところを伝え、またつくり直してくる。それでもダメならまた繰り返すということをします。

議論を重ね、試食を繰り返して、ここだというところを見つけない限り、ヒット商品は生まれないのです。

対立する味のかけ算で新しい味を生む

「旨いは甘い」と言ったのは、北大路魯山人ですが、私もこれは真実だと思っています。基本的には、商品もそちらに方向付けます。

でも、ただの甘いだけではダメなのです。

いま、甘さに関してはスイーツから塩気のあるセイボリーへとメガトレンドは流れています。

旨じょっぱい、甘じょっぱいを含めてセイボリーの時代に入っています。

それはすなわち、おやつというよりは、食としての味覚のほうに向かっていく、という予兆なのかもしれません。

少なくとも明らかなのは、昔と違って、糖分の甘さの質が変わってきているのです。たとえば、いま売られているケーキは、ひと頃に比べると相当甘さが抑えられています。ギリギリの甘さみたいな領域が美味しいと言われています。

甘じょっぱいと言っている領域もそうで、キャラメルも塩キャラメルがあったり、あるいはハニーマスタードのようなものもあったり、すべて複合の旨さになってきている。

これからはさらに単純な味ではなく、重層的で複層的な美味しさを食べ分ける時代になってくると思います。

対立する味のかけ算は、新しい味を生み出したりもします。

私たちは、そんな中で、やはり大人の味を追求していきたい。それはもしかすると、若い人には、教育的提案ということになるのかもしれない。たとえば、「とんこつ背脂ラーメン」のようなガツンとしたものが好きだった人が、だんだん呈味や隠し味のようなものに気づいて旨いと言うように持っていく。

味覚は進化するわけですから、スナックの力で、より上質な味を届けたいと私はいつも模索しています。スナックは食への入口であり、食育の役割も果たしているのです。

塩にしても、私たちは、藻塩、岩塩、各地の海塩と使い分けます。オホーツクの塩のように商品名にして成功したものもありますが、多くは、アヒルの水かきの如く、さまざまな塩を微妙に組み合わせを変えながら、商品それぞれの個性的な味を構成していきます。

もちろん、塩味だけでなく、酸味も辛味もそうです。

あるいは、食べる人の唾液をいかにうまく刺激するかも大事な要素です。素材の食感、脂分、酸味、スパイスも唾液量に大きな影響を与えます。

たとえば、のり塩のポテトチップスは、実は、のりがじゃがいもの味とリンクして、絶妙に唾液を引きだしたりしているのです。

実は日本人には、欧米人の半分ほどの唾液量しかありません。ですから、唾液を刺激することはとても重要な要素なのです。

新商品では、ネーミングやパッケージデザインももちろん重要ですが、実は、こうした舞台裏で実に細やかな調整を加えているのです。

香りが味を引き立てる

飲料メーカーもまた、隠し味を使っています。

たとえば、皆さんがよく飲むAというスポーツドリンクには、昆布出汁が入っています。Bというスポーツドリンクには、かつお出汁が入っています。うまみエキスのような表記ですが、塩に隠れて、出汁も入っているのです。それがやはり、売れる理由なのです。

また水も、Aは硬水系、Bは軟水系なので、それぞれの出汁とマッチする。

スポーツドリンクに出汁が入っていることを知ったとき、私はある種、目覚めました。飲料を開発するときに、隠し味のことをかなり意識するようになったのです。

たとえば、お茶の飲料を手がけたときには、徹底的にアミノ酸を研究しました。実は、アミノ酸はアスパラギン酸など20種類ほどあり、かぶせ茶をつくればつくるほどアミノ酸が強くなっていきます。

でも、それだけでは旨いお茶はできなくて、カテキンという苦味と甘味を合わせるから旨いお茶になるわけです。

100グラム5千円ぐらいする高級茶は、アミノ酸の量が多い。テアニンなどの旨味と甘味のアミノ酸が多く抽出され、渋味、苦味を抑えられた高級茶にいかに近づけるかに開発者は腐心しているのです。

私はその後、ウーロン茶の開発にも取り組みました。このときは、台湾の包種、凍頂烏龍などかなりの数のお茶を試しましたが、それぞれいろいろな香りがして、大紅袍というウーロン茶では、桃の香りがしました。いずれも香りが味を引き立てているのです。

お茶、ウーロン茶とやってわかったのは、美味しさというのは、甘い、しょっぱいという単なる味でなく、それに香りが乗ってきたときの立体的な味です。美味しさは、三次元の力なんだなとわかったのです。

ビールのホップにもやはり、バラ系の香り、エステル系の香りがあり、バラ系のハーバルフィニッシュは、ハーブの香りで、通向けです。

喉の奥には、鼻から脳に直結する嗅球というものがあって、脳がこれがいいと感じると旨いとなる。それを学んでつくった商品はいくつかあります。

とにかく、それぐらい香りは大事。食べ物にとって、香りは、最後のマーケティングエレメントなのです。

キリン時代から意識しつづけてきた味の複層性は、湖池屋に来て、商品開発でより一層大事にしたいと思い始めたものです。湖池屋の新商品の美味しさの秘訣はこんなところにもあるのかもしれません。

日本人を元気にしたい

スナックにかかわり始めて、8年が過ぎようとしています。連続してヒット商品を出し、リブランディングの結果が出始めているとはいえ、私の思いとしては、まだ3合目ぐらいまでしか辿り着いていないという印象です。

なるほど社内の活性化は実現し、社員の満足度は少しずつ上がっているのかもしれません。けれども、私がめざすのは、もっと先にある大きなもの、もっと元気が出るようなものなのです。

日本を、日本人を元気にしたい。失われた30年と言われているいま、誇りを取り戻したいというのが私の究極の目標です。

一企業の社長が社員を幸せにすることだけでなく、日本を、などと大風呂敷を広げても意味はないわけですが、私の最終着地点は、やはり、日本全体の幸福感を上げていきたいということなのです。

第1章で建築学科に進む道もあったと書きましたが、その目的もまた、日本をよりよい国にしたいという思いからでした。その延長線上で、理想の街をつくってみたいという野望もあって、建築や街づくりには10代の頃からずっと関心があったのです。

膝の高さで椅子の高さは決まり、それによって天井の高さが決まる。天井が決まれば、一階あたりの高さが決まり、建物の高さもおのずと決まってくる。それで街もできてくるし、快適性が保たれる。だから、背の高いオランダ人の家は高くなる。といったことが書かれた本を読んだり、安藤忠雄さんの講演を聴きに行ったりもしました。

建築の視座から見えてくるものも少なくありませんでした。

安藤さんは、日本がいかにユニークで美しい国であるかということを説き、だからこそ日本のアイデンティティを大事にすべきといったことを主張してきたわけですが、「住吉の長屋」の話はいまでも私の中には残っている。だからこそ、どこかで、つくる商品には、日本の良さを封じ込めたいと思ったし、湖池屋がポテトチップスの原材料を国産にだけ求めてきていたことにも共感したのです。

健康市場の創造へ

私は、湖池屋を伸びゆく中食市場のリードオフマン、つまり先頭に立って、道を開拓していくトップバッターにしたいのです。だから、常識をとっぱらったチャレンジを恐れない。

以前、「ポテトと料理」という商品を発売したことがあります。筒の中に穴をあけて、デミグラスソースとハンバーグを入れた商品。あるいはワタリガニとオマールエビのビスクを入れたりという試みもしました。

そのあとに出した商品との兼ね合いでこのシリーズはいったんお休みしていますが、私の中では、まだまったく消えてはいないラインナップです。

たとえば、クラムチャウダーの味わいをそのまま楽しめるように、生地で具を包んだセイボリーな一口スナック。そんなスナックの領域を超える、料理に近いものをつくりたい。

オードブルみたいな商品にも挑戦してみたい。あるいは、県や市、じゃがいも農家の方々と、日本のテロワールでつくった高級ブランド芋のポテトチップスを出してみたいとも思っています。そういった展開をしていくことで、レイヤー（階層）が一段、二段上がることになる。

安売り市場になってしまったポテトチップスやスナックを一段上げて、中食市場へと、あるいは健康市場の創造につながる商品としていきたいのです。

米と向き合う——煎餅の先にあるもの

スナックは、直訳すれば、軽食ということになります。若者が一日に4回、5回、あるいは6回と食事をとっている中にもスナックが入っていると聞きます。

デプスインタビューをすると、現代の若者たちには3度のご飯という発想がほとんどありません。朝食べて、10時半に食べて、お昼になって食べて、2時に食べて、夕方食べて、夜お酒を飲みながら食べて、最後は夜食。その食事は、ご飯と味噌汁に一菜とか、ハンバーグとサラダといったものではなくて、ちょこちょこと食べている。

まず、自分で料理をしません。4人にひとりぐらいしか自分ではつくっていない。ましてや、晩餐とか夕食の団欒などは消えつつあるし、そうしたかつてのスタイルは相当崩れている。

そして、いまの日本において、これが元に戻るかといえば、やはり、戻ることはないのです。

日本の家庭も食事の嗜好も大きく変わりつづけていて、東南アジアの屋台のような傾向が強まっています。私の中では、もちろんかつての日本の食への郷愁はあるわけですが、スナックが現代日本人の食へと食い込んでいくために何をつくるべきかを考えつづけています。

湖池屋にとってこれからのライバルは、親会社の日清食品だったり、食品メーカーだと考えています。

なぜならば、いまやコンビニやスーパー、ドラッグストア、ディスカウントストアで扱う商品はほとんど全部一緒だからです。

明らかに垣根を越えた戦いになっているのです。

そして、その戦いで大事なのは、やはりブランド力です。

いま、湖池屋で主に扱っているのはじゃがいもですが、私は、これからは米、小麦、とうもろこしなどの穀物とも向き合っていきたいと思っています。

ただ、実は、スナックにとっては、白米というのは意外にも難敵です。

極端な話、チャーハンのようなものをつくって、それからスナック化しない限り、煎餅に負けてしまう。煎餅のもっと先にあるもの。それを探さないとスナックで米は生かされません。

米の需要は落ちつづけています。でも、米こそが日本を救う穀物だと私は考えています。

だから、米をなんとかしたい。

ドライ鮨なんていうものも考えたりしています。いつでもどこでも食べられる鮨のスナック。我ながらバカだなと思うのですが、それが美味しくできればイノベーション度は高い。もともと鮨は江戸時代の屋台のスナックだったのですから。

米を使ったスナックというのは、私の中で大きなテーマなのです。

「食」という大海原を泳ぐ

私たちの行く道は、ファーストエントリーの道です。

当然、他社は、その拓かれた道を見て、ここはおいしいと思えば追随してきます。それは問題ではありません。真似をするなら真似をすればいいのです。なぜならば、それによって、市場自体が大きくなっていくというようにも考えられるからです。まだ存在していないもの、あるいは、未成熟なカテゴリーがブレイクして、マーケット全体の成長を喚起することはあるのです。

たとえば、キリン時代に「生茶」を発表したあとからは、「○○茶」と名付けられた商品が他のメーカーから出ましたし、「アミノサプリ」をつくったときには、「アミノ○○」といった名前の商品が追随してきました。

その結果、マーケットが一気に拡大して、「生茶」も「アミノサプリ」も売上げが伸びたのです。

ただ、そんな状況に耐えうるオリジナリティのある商品とする必要があります。真似されにくい元祖感、独自性は工夫して商品に込めていく。ファーストエントリーの道は険しいものですが、そこを突破したときに別の景色が見えてくるのです。

環境はめまぐるしく変化しています。そこに対応していくことは容易ではありません。人々の食習慣は変わり、業界の境界線もあやふやになってきています。

スナックというジャンルを踏み出すときもいずれくるのかもしれません。

そんな中で、私がこれからも守っていきたいと思っているのは、あくまでも本物の素材を使うということです。

国産原材料へのこだわりはこれまで通りだし、日本の地方の食材を積極的に使っていくこともそうですし、新たに開発されたフードテックも積極的に使っていきたいのです。

「食」という大海原を泳ぎながら、私は、微力ながら日本をいま一度元気に、活気ある国にしていきたいと思っています。

エピローグ

旨いじゃがいもを探求する旅はなおも続きます。

湖池屋にとって、じゃがいもは根幹をなすもの、最良のじゃがいもを探し求める姿勢はいつの時代も不変です。

この秋にも、私は、数人のスタッフとともに先にも触れた海外のとある島へと5泊7日の旅に行ってきました。

先述の通り、世界でここにしかない希少品種のとれる島です。

実際には、他の予定との兼ね合いもあり、2泊しかできませんでしたが、成果はありました。もっとも、その島に入った当初、予想していた雰囲気と違ったので、我々は少し戸惑います。

というのも、すでに、事前の打ち合わせで湖池屋は信用できるということで、その島でつくるじゃがいもをわけていただき、日本に持ち帰っているわけです。

今回は、それから一歩話が進むと最初から見通して話をするつもりだったのです。より具体的なやりとりができるお膳立てはそろっていると思っていました。

しかし、実際には、そうではありませんでした。畑に行っても、用意した撮影用ドローンを飛ばすという雰囲気ではとてもなかったのです。

農業協同組合の態度が硬化しているように感じたのです。

もちろん、貴重なじゃがいもであり、希少であるがゆえ、そもそも簡単な話であるとは思っていませんでした。しかし、前回の訪問ですでにそこはクリアしているものと思っていたため、我々は少し戸惑ってしまったのです。

農業協同組合に入っている生産者全員の賛成がなければ、湖池屋とは何も話を進められないとはっきりと言われました。長年、彼らが大事に育んできたじゃがいもですから、当然といえば当然ですが、私たちは頭をかかえてしまいました。

そんなこともあって、私たちは少し角度を変えてアプローチすることにします。

その島はじゃがいもで有名ですが、塩やカキも名産です。それで、塩組合の方と塩田に行ったり、あるいはカキ組合の方と会ったり、早朝4時半から漁港に顔を出したりしていた。カキの種（幼生）は、もともと日本の種とも縁が深いということもあって、盛り上がりました。その島の塩を使った商品化の話などもするぐらい、塩やカキの組合とは距離を縮めることができました。

最終日の夜、海岸沿いにあるお洒落なレストランで、じゃがいも組合を含む全組合の方々との食事会を開きました。総勢30名ぐらいになったでしょうか。

小さい島ですから、すでに私たちが島内でさまざまな動きをしていることは、じゃがいも組合にも伝わっていたのでしょう。晩餐の席上、私は、とにかく島のことを質問攻めというぐらい皆に聞きまくりました。と同時に、湖池屋と一緒に組めばこんなこともあんなこともできると私はラブコールを送りつづけました。

そして、食事をしながらそんなコミュニケーションをとりつづけていると、次第に塩とカキの組合だけでなく、じゃがいも組合の方々とも打ち解けてきたのです。

「皮が薄いから、手で掘らないといけない繊細なじゃがいもなんだ。お前は知らないだろうけど、赤い海藻を土に混ぜないとこの味にはならないんだ」

といった話をしてくれるようになったのです。

最終的には、当初予定していた話を具体的に進められるという方向でまとめることができました。高いハードルでしたが、それぐらいの価値ある素晴らしいじゃがいもだと思っていましたし、どうしても湖池屋が手に入れたいじゃがいもだったのです。

先述の通り、社内でプロジェクトを立ち上げ、いまも着々と準備を進めています。新しい品種をつくるには、かなりの時間を要しますが、近い将来、この貴重なじゃがいもを使ったポテトチップスをお披露目したいと思っています。

海外生まれ日本育ちのじゃがいもによるまったく新しいポテトチップスが生まれるかと思うと、ワクワクがとまりません。

旨いじゃがいもを求める気持ちは創業以来1ミリたりとも後退していません。

新生・湖池屋の冒険は、まだまだ続きます。

解説　マーケター佐藤章の本領

一志治夫

この数年、テレビで、雑誌で、ウェブサイトで、いったいどれだけ佐藤章の顔を見、言葉を目にし、聞いてきたことだろう。ありとあらゆる媒体で、佐藤は、自社について、マーケットについて、日本についてひたすら語り倒してきた。

それはもちろん、それによって湖池屋という会社のブランド力が上がり、潤沢とは言えぬ宣伝費を補えると踏んでのことで、決して自身の名を上げるためではない。

ただ、私は、その語られる内容をいくつか目にしてきて、佐藤章が単に会社のためだけに発言しているとは思えなくなっていた。

何かもっと大きな、社会に対する、日本に対する、世界に対する憤怒みたいなものが心の奥底に潜んでいて、佐藤はそんな見えない敵……いや佐藤自身には見えているのだろうけれど、そういう魔物と戦い続けているのではないか、と思い始めてきたのだ。

私が佐藤章と最初に会ったのは、ともに20代前半だったから、40年以上前ということになる。その当時は、パーソナルコンピュータも携帯電話もなく、現代から見れば「アナログ時代」ということになるわけだが、ウォークマンは浸透していたし、カップヌードルもすっかり馴染みで、新時代の空気感は常に漂っていた。

たとえば、カセットテープの新製品が出て音質が上がるたびにドキドキするような感覚が毎年のようにあったのだ。国産車をはじめ、家電、オーディオのラインナップなどを見ても、日本は戦後復興を完全に遂げていた。バブル時代の前々夜ぐらいで、少し何かが足りないぐらいの感じもありつつ、ちょうど人の身の丈に合っている居心地のいい時代だったとも言える。

佐藤章と初めて出会ったのは、武蔵小金井にあった自動車教習所だった。いまでは考えられないが、教官たちの多くは、投げやりな態度でぞんざいな言葉を若者たちにぶつけてきた。特に若い男に対しては。

たしか、そんなうんざりする教習の休憩時間に2人は初めて顔を合わせたのだと思う。愚痴を言い合ったかどうかは記憶にないが、おそらく私は不平のひとつも言っていたはずだ。いずれにしても、そのときたまたま空間を共有したことが40年以上たったいまにつながってくるのだから、人生は面白い。

話をしてみると、同じ大学に通っていることがわかり、ぐっと距離が縮まった。大学の同窓で過度に群れるのは好みではないが、同じ村の出身というぐらいの親近感は持っててもいいと私は思っている。そのときもそんな感じで、すぐに馴染んだ。

ミニコミ誌「マイルストーン」での活動

ちょうどそのとき私は、学内でミニコミ誌を立ち上げようとしていた。

当時は雑誌隆盛時代で、各出版社から続々と雑誌が創刊され、活気づいていた。そんな風潮と呼応するかのように、学内では、いくつかのミニコミ誌が創刊され始めていた。

私が立ち上げたのは、「マイルストーン」という名の雑誌だった。高校時代の同級生、大学の同級生、体育の授業で一緒になった先輩などを呼び込み、サークルの体を整え、創刊号の準備に入ったのは1978年。もちろん、私は、知り合って間もない佐藤章をサークルに勧誘した。

佐藤とは、その後、2人の自宅に近い吉祥寺で頻繁に飲むようになる。私の実家にも来たことがあるぐらいだから、結構、密だったのだろう。

「マイルストーン」では特に決まりのようなものはなく、皆が書きたいことを書いた。自費で刷り、仲間内に押し売りをして売り切るというまさにミニコミ然とした雑誌だった。佐藤は、数号に関わり、第2号では表紙のイラストを描いていた。ただ、佐藤はバスケットボールの同好会にも入っていたから、フルで参加してはいなかったのかもしれない。そこらへんの記憶もあやふやだ。

私たちの時代に4号目で出したサークル紹介号は、実は、意外にも種子となってこののちもつながっていく。後輩たちが洗練を重ね、発行部数2万部を超える雑誌へと成長させていくのだ。数年前にはついに法人登記をしたというのだから驚く。

やがて就活の時期を迎え、キリンビールに内定したという話を聞いたあと、学部の違う佐藤章との連絡はぱたっと途絶える。

本文にもあるように、佐藤は東京を離れ、北関東の営業に出るからだ。その後のキリンでの活躍ぶりも私はあまりよく知らなかった。私は私で、ライターとしていかに道を拓いていくかに懸命だったからだ。

それでもその後、取材でキリンビールを訪れたりする機会があったりして、佐藤章のキャリアはときどき耳にはさんでいた。ただ、直接顔を合わせることはなかった。

そんなある日、ふと手にした「夕刊フジ」に佐藤章のインタビューが掲載されていた。キリンビバレッジの社長就任に際してのインタビューだった。小さな驚きとともに読み始めると、なんと、学生時代の活動として、「『マイルストーン』というミニコミ誌をつくっていた」と発言していたのだ。

ビジネスに邁進する佐藤にとって「マイルストーン」などもはや忘却の彼方だろうと勝手に思っていたから、この一言は嬉しかった。

「マーケターに必要なのはカルチャー」という発言をのちに聞いて、佐藤章の中ではあの時代のミニコミづくりも血肉になっていたのか、と符号した。

40年ぶりの対面

それから少しして、キリンビール本社にお邪魔する機会があった。そのとき、私は乳酸菌の記事をつくっていて、乳酸飲料をはじめ乳酸菌関連の商品をつくっているメーカーを片っ端から取材していた。

ちょうど夕刊紙の記事を目にしたばかりだったので、広報の方に「佐藤章社長は私の後輩なんです」と言ってみた。すると、ちょうど近々、メディアを集めた懇談会があるので、いかがでしょう、とご招待を受けることになったのだ。

当日、会場に足を運ぶとすぐに佐藤のもとへと通された。

私は、40年ぶりに対面した佐藤の第一声に虚を衝かれる。

「あー、いっしさん。カラカマさん取り合ったねえ」

何十年ぶりかで聞く女性の名前。取り合ったという記憶はなかったが、確かに2人の間に女性がいた記憶が蘇ってくる。佐藤章、恐るべしと思ったのはこのときだ。

「マイルストーン」のメンバーの消息でもなく、互いの近況でもなく、いきなり教習所で一緒だった女性の名前を出してきたのだ。一気に40年の歳月が吹っ飛んでいた。その記憶力と、ユーモアと、懇談会という公の場の雰囲気に逆目の空気をぶち込む潔さと。ああ、佐藤章とはこういう男だったのかと、嬉しくなると同時に、大慌てで40年前の記憶を引っ張り出したのだった。

次に会ったのは、以前お世話になったキリンビールのOBとの飲み会だった。OBとなった2人がキリンビールの社風を舌鋒鋭く語るのが面白く、時間は瞬く間に過ぎていった。

こうして、佐藤章と私は再会し、幾度となく言葉を交わすことになったわけである。

「会社は社長を投影する」

人物インタビューを生業としている私は、当然これまでに大小さまざまな企業の社長にもお会いしてきた。

しかし、佐藤章は、これまで会ったどんな社長とも違う、企業家然としていないトップだった。どこかに町工場の社長とか商店主といった個人の匂いを感じたのである。

佐藤もまたおのずと、そんな姿勢をよかれと思い、醸し出してもいたのだろう。

色褪せていく企業の話をしていて、佐藤がこんなふうに言ったことがある。

「会社は社長の人格より大きくはならないとよく言われる。社長のユニークさを超えてユニークにはならない。だって、極端に言えば、社長は何をやってもいいんですから。人の役に立ちたいと考えている人が社長になれば人の役に立つような施策をするし、そういう会社をつくる。会社は社長を投影するんです」

企業人ではあるけれど、人間性や個性、自身の感性を捨てない、いや、捨てられないのが佐藤章の体質なのだ。そして、そんな姿をときに社員に意図的に見せていく。それはすなわち、佐藤が後輩たちに伝えたいことでもあるのだろう。企業人といえども、結局は人間性だぞ、と。

佐藤章は、単なるリーダーというよりは、キャプテンに近いタイプなのかもしれない。

キャプテンは、チームの中に入って自ら献身的に動き、汗をかき、仲間たちを鼓舞していく。一方、リーダーは、あくまでもチーム要員という視点から仲間を見ている。少しドライに引いた距離感で接してくるコーチや監督という立場に近い。

キャプテンとリーダーの違いについて、考えるきっかけをくれたのは、北野高校、慶応義塾大学、東芝、日本代表でそれぞれキャプテンを務めてきたラグビーの廣瀬俊朗だ。

廣瀬は、キャプテンについてこう表現した。

「一緒にやる仲間をキャプテンが信じていなかったら、チームはうまくいかない。もし一緒に頑張れないというメンバーがチーム内から出てきたら、その理由はどこにあるんだろうとキャプテンは考えて、接する。キャプテンはあくまでも現場で一緒に戦う仲間なんです」

まさに、佐藤章は、そんなキャプテンシーを持った社長だという気がする。

本社の社長室に佐藤を訪ねると社長不在ということがしばしばある。広報部員とともに社内を探すと、企画室の部長席に座って部下を眺めていたり、うろうろと社内を歩き回って談笑したりしているのだ。

あたかも仲間たちの中に身を置いて、ひとりひとりの顔色を見て、漂う空気をつかもうとしているかのようだ。

それはやはり、自らがプレーヤーであり、他のプレーヤーたちを引っ張っていくという意識の表れでもあるのだろう。

おそらくは自身を監督だとはとらえていないのではないか。あくまでもプレイングコーチという意識。もちろん、何千人という会社規模ではないからこそのことだが、佐藤は、たとえどんな規模であろうと同様のマインドを持ち続けるに違いない。

比喩的にだけではなく、実際にフットワークも軽い。

たとえば、ある本について話が及べば、会議室からすっと足早に出て、自ら社長室から手にして戻ってくる。同席している社員や秘書に命じる時間すら無駄と言わんばかりに、無言でいきなり立ち上がり、戻ってきて1分1秒が惜しいとばかりに、無駄な話は一切せず、すぐに本の説明に入るのだ。

あらゆる場面でそんな具合だった。

現場に積極的に赴く。現地に飛ぶことを面倒くさがらない。人と会うことを厭わない。行けばそこには宝でも転がっているかの如く向かっていく。佐藤の疾風のような動きにはただただ感心するしかない。

それは営業マン時代に叩き込まれた習癖なのだろうか。いや、やはり、これもまた、佐藤章の生来のものだという気がする。

「ティニとの原点」

もっとも、佐藤章の本領がそんな行動力にある、と言いたいわけではない。

それはあくまでも表に見えるもの。佐藤の真髄は、「知」に向かうエネルギーにある。

万物を知ろうとする、体系的にとらえようとする知であり、そこに引き寄せられる探究心である。

佐藤は、東洋思想、陰陽五行、西洋哲学などにも造詣が深く、それを基にして、いったん自身のフィルターを通して、事象を分析してくる。上っ面な理屈と感じないのは、そうした裏打ちがあるからなのだ。

それはやはり、ドイツ人の家庭教師によって叩き込まれた「知の探究メソッド」のようなものが効いているのだろう。

本文にもあるとおり、佐藤の母は、家業である割烹店を切り盛りしていた。その割烹店に客として来ていた早稲田大学の教授から、英語の家庭教師をつけてはどうかと提案をされ、ケルスティン・ティニが佐藤の個人教師としてついた。

中学に入学した佐藤は、ティニとの付き合いを始め、その後2年半にわたって教えを請う。この2年半が佐藤に与えた文化的影響は、はかりしれない。多感な思春期に出会ったティニの存在は、佐藤章の人格形成に大いに与したはずだ。

本文でも触れているが、ティニの経歴だけみても、なぜわざわざ中学生の家庭教師などするのか、という御仁である。おそらくはその早稲田の教授と懇意だったのだろう。各国王室の公式文書や特大鳥類図鑑『アメリカの鳥』、特大植物図鑑『ボタニカ・マグフィニカ』など各国の美術館、博物館、大学図書館の私蔵本、蒐集家の愛蔵本などを多数制作してきた装幀装飾の世界第一人者であり、夫はマーブルペーパー研究の第一人者である三浦永年。これ以上はないという教師から薫陶を受けたわけである。

その後、名だたるクリエイターたちと仕事をすることになる佐藤だが、このいわば「ティニとの原点」のようなものがあったから、臆することはなかったし、揺らぐこともなかったのではないか。

佐藤のクリエイターとの付き合いは密だ。佐藤とキリンビールで仕事をし、それをきっかけに独立し、いまやデザイナーの最前線に立つ佐藤可士和はその代表格だろう。

当時、まだ博報堂の社員だった佐藤可士和を指名し、新商品のデザインを任せたのは佐藤章の直感だった。

佐藤章はこう言っている。

「可士和さんがその直前につくったホンダ『ステップワゴン』のコマーシャルを見て、これだ、と思った。『こどもといっしょにどこいこう』というコピーと子どもがクレヨンで描いたようなポップな絵が出てきて、車を家族のコミュニケーションのツールとして訴えているのが新しかった」

佐藤章は、2000年に発売した「キリンチビレモン」の商品開発を佐藤可士和に一任する。コンセプト設定からボトルデザイン、ネーミングまで、名もなきいちクリエイターに任せてしまったのだ。

こうした直感力もまた佐藤の武器だった。

この仕事をステップにして、佐藤可士和は、独立へと踏み出す。

佐藤章は、こうしたクリエイターたちとの付き合いを長らく重んじてきた。自身の鮮度を保つためにも外部からの刺激は不可欠だった。

これは、佐藤の中の感覚的な部分、直感やセンスといったものである。佐藤が齢《よわい》を重ねても衰えさせたくないと鍛え続けてきた右脳のオペレーション。佐藤は、そのフレキシブルな右脳を企業人たる左脳でエビデンスを拾いながら、補填していく。

世間に流布する一通りの経営理論は、もちろん頭に入っている。世界でトレンドとなっているマーケットの法則にも精通している。それをわかった上で、佐藤は独自の路線を進まんとする。

「一発で会社のすべては変わる」

佐藤章をヘッドハンティングした小池孝会長が新社長に期待したのも、まさに、このクリエイティブ力あるマーケティングだった。

「湖池屋」は、そもそも創業以来赤字を出したことのない優良企業だった。小池は絶対の自信を持っていた。しかし、自身が社長になってから20年近くが経ち、初めて3億を超える赤字が出た。小池は、すぐに、自分以外の人間が会社を変えないとまずいと判断し、人材を探し始める。

人材会社や伝手を頼って、「マーケティングに強い人がほしい」と小池は声をかけた。商品軸を変える必要があると思ったからだ。

小池にとって望外だったのは、名だたる企業の部長クラスからかなりの応募があったことだった。そんな中にあって、佐藤章はやはり図抜けた存在だった。

小池会長が言う。

「重要なのは、マーケティングでの成功は、ひとりではできないということです。優秀なデザイナーだったり、広告マンであったり、いろんな人たちのネットワークが欠かせない。それを佐藤さんは持っているというのは事前にわかっていたし、来てほしいと思った理由のひとつでもありました」

実際に佐藤がやってきて、商品開発が始まると、小池の見立てが間違っていなかったことがすぐにわかる。

「これまで僕らが使っていたようなデザイナーとか、広告マンとは質の違う人を連れてきてやり始めた。レベルが違いました。やっぱり、キリンは、デザイン力が違う。大量生産品の中でも最も単品あたりのロットが大きいもののひとつがビール。デザインとかの完成度は高い人たちだし、佐藤さんの周りにはそういう人たちがいっぱい集まっていた」

そして、そんな英知が結集し、生まれたのが「プライドポテト」というわけだった。
「あの一発で変わりました。やはりすべては商品軸。一発で会社のすべては変わるんです」

食から日本を変える

佐藤章が「湖池屋」の先に見ているのは、日本の再興だ。停滞したいまの空気を吹き飛ばしたいという思いが佐藤を走らせる。キリン時代から地方との関係を大事にしてきた佐藤は、各地に太いパイプを持つ。地方をどう動かし、活性化していくかも、佐藤にとっては重要なテーマだ。

だから、地方の特産品をテーマにしたポテトチップスを出し、国産の原料を重んじ続ける。

未来を占う意味で、最近佐藤章が刺激を受けたのは、親会社でもある日清食品から発売された「完全メシシリーズ」だ。そこには未来へのヒントが詰まっていた。

ビタミン、ミネラルなど33種類の栄養素と美味しさの完全なバランスを追求したブランド。日清食品の最新のフードテクノロジーを駆使することで、たんぱく質、脂質、炭水化物の三大栄養素のほか、ビタミン、ミネラル、必須脂肪酸もバランスよく整え、さらには栄養素独特の苦みやエグみを抑えることで、普段の食事と変わらない美味しさを実現する完全メシ。

このコンセプトを日清食品の安藤徳隆社長から聞いたとき、佐藤は驚くと同時に大いなる刺激を受けていた。未来の商品フォーメーションを考えていく上で領域が一気に広がり深まった気がした。

高齢化が進み、保険料、医療費が無限に膨らみ続ける国に対するひとつの提案であり挑戦でもあるのだろう。食から日本を変える、という視点からしても斬新で、意義深いことだった。

そして、それは、佐藤にとって大いなる光明でもあった。

四季に富み、豊かな自然、豊富な食材、進化し続ける加工技術を持つ日本が食をコアにして世界の中で生き残っていく。世界に挑戦していく。そして、食によって、日本が抱えているさまざまな課題を解決していく。

日本らしさ、美しさ、はかなさ、もののあわれ、先人たちの知恵……。そういったものが果たして世界に通用するのか。日本は日本らしさを保ちながら、どうグローバル時代を生き抜いていくのか。これも佐藤がもう何十年も考え続けてきたことで、いまだ明確な答えを見つけられないでいる。たとえば佐藤が愛してやまない鮨あるいは茶の中にも何らかの答えはあるのかもしれない。

時代の波を越えていくために日本人が何をすべきか、何を残すべきかを会社の舵取りをしながら、佐藤はひたすら考え続ける。

60代を迎えて久しい佐藤章だが、まだ志半ばといってもいい。それは、自身のキャリアを今後どう積んでいくかではない。マーケターとしてのキャリアはもう十分すぎるほど十分だ。

佐藤章の意志は、いま、次世代にいかに健全な土壌を残せるかだけに向いている。あるいは、健全な土壌を残そうとする自分の姿をどう彼らに焼き付け、去って行くか。そのことだけに傾注している。

マーケター佐藤章がいま見ているのは、日本と日本人の未来だけ。佐藤章は、その最後の仕上げにとりかかろうとしている。

（文中敬称略）

本文構成
一志治夫（いっし・はるお）

ノンフィクション作家。『狂気の左サイドバック』で第一回小学館ノンフィクション大賞受賞。主な著書に『魂の森を行け』（集英社インターナショナル）、『小澤征爾サイトウ・キネン・オーケストラ　欧州を行く』（小学館）、『失われゆく鮨をもとめて』（新潮社）、『庄内パラディーゾ』（文藝春秋）、『幸福な食堂車』（プレジデント社）、『旅する江戸前鮨』（文藝春秋）、『美酒復権』（プレジデント社）など。

佐藤 章（さとう・あきら）

1959年東京生まれ。82年早稲田大学法学部卒業後、キリンビールに入社。営業職を経て、90年に商品企画部に異動。「ビール職人」「ブラウマイスター」などの企画・開発に携わる。97年にキリンビバレッジ商品企画部に出向。99年に発売された缶コーヒー「FIRE」以降、「生茶」「聞茶」「アミノサプリ」など、手がけた商品の販売数が4年連続1000万ケースを超える大ヒット商品に。その後キリンビール営業本部マーケティング部部長、九州統括本部長、キリンビバレッジ社長などを歴任。2016年フレンテ（現・湖池屋）執行役員兼日清食品ホールディングス執行役員に転じ、同年9月より湖池屋代表取締役社長。社名やロゴを変更するリブランディングを敢行。新生・湖池屋を象徴する商品である「湖池屋プライドポテト」をはじめ、「PURE POTATO じゃがいも心地」「湖池屋ストロング」など、数々のヒット商品を生み出す。

湖池屋《こいけや》の流儀《りゅうぎ》
――老舗《しにせ》を再生《さいせい》させたブランディング戦略《せんりゃく》

2023年12月25日　初版発行

著　者　佐《さ》　藤《とう》　章《あきら》

発行者　安 部 順 一

発行所　中央公論新社

〒100-8152　東京都千代田区大手町1-7-1
電話　販売 03-5299-1730　編集 03-5299-1740
URL https://www.chuko.co.jp/

ＤＴＰ　今井明子
印　刷　大日本印刷
製　本　小泉製本

Printed in Japan　ISBN978-4-12-005723-6　C0034